中国林业温室气体自愿减排项目案例

A Forestry Case of China Certified Emission Reduction Project

李金良　主编

张红爱　周才华　崔晓冬　施志国　副主编

中国林业出版社

图书在版编目(CIP)数据

中国林业温室气体自愿减排项目案例 / 李金良主编. —北京：中国林业出版社，2016.5
（碳汇中国系列丛书）

ISBN 978 - 7 - 5038 - 8510 - 5

Ⅰ. ①中…　Ⅱ. ①李…　Ⅲ. ①林业 – 有害气体 – 大气扩散 – 污染防治 – 研究 – 中国
Ⅳ. ①X511

中国版本图书馆 CIP 数据核字(2016)第 093825 号

中国林业出版社
责任编辑：李　顺　李　辰
出版咨询：(010)83143569

────────────────────────────

出版：中国林业出版社(100009 北京西城区德内大街刘海胡同 7 号)
网站：http://lycb.forestry.gov.cn
印刷：北京卡乐富印刷有限公司
发行：中国林业出版社
电话：(010)83143500
版次：2016 年 8 月第 1 版
印次：2016 年 8 月第 1 次
开本：787mm×960mm　1/16
印张：14.75
字数：250 千字
定价：68.00 元

"碳汇中国"系列丛书编委会

主　任：张建龙

副主任：张永利　彭有冬

顾　问：唐守正　蒋有绪

主　编：李怒云

副主编：金　旻　周国模　邵权熙　王春峰
　　　　苏宗海　张柏涛

成　员：李金良　吴金友　徐　明　王光玉
　　　　袁金鸿　何业云　王国胜　陆　霁
　　　　龚亚珍　何　宇　施拥军　施志国
　　　　陈叙图　苏　迪　庞　博　冯晓明
　　　　戴　芳　王　珍　王立国　程昭华
　　　　高彩霞　John Innes

总　序

　　进入 21 世纪，国际社会加快了应对气候变化的全球治理进程。气候变化不仅仅是全球环境问题，也是世界共同关注的社会问题，更是涉及各国发展的重大战略问题。面对全球绿色低碳经济转型的大趋势，各国政府和企业和全社会都在积极调整战略，以迎接低碳经济的机遇与挑战。我国是世界上最大的发展中国家，也是温室气体排放增速和排放量均居世界第一的国家。长期以来，面对气候变化的重大挑战，作为一个负责任的大国，我国政府积极采取多种措施，有效应对气候变化，在提高能效、降低能耗等方面都取得了明显成效。

　　森林在减缓气候变化中具有特殊功能。采取林业措施，利用绿色碳汇抵销碳排放，已成为应对气候变化国际治理政策的重要内容，受到世界各国的高度关注和普遍认同。自 1997 年《京都议定书》将森林间接减排明确为有效减排途径以来，气候大会通过的巴厘路线图、哥本哈根协议等成果文件，都突出强调了林业增汇减排的具体措施。特别是在去年底结束的联合国巴黎气候大会上，林业作为单独条款被写入《巴黎协定》，要求 2020 年后各国采取行动，保护和增加森林碳汇，充分彰显了林业在应对气候变化中的重要地位和作用。长期以来，我国政府坚持把发展林业作为应对气候变化的有效手段，通过大规模推进造林绿化、加强森林经营和保护等措施增加森林碳汇。据统计，近年来在全球森林资源锐减的情况下，我国森林面积持续增长，人工林保存面积达 10.4 亿亩，居全球首位，全国森林植被总碳储量达 84.27 亿吨。联合国粮农组织全球森林资源评估认为，中国多年开展的大规模植树造林和天然林资源保护，对扭转亚洲地区森林资源下降趋势起到了重要支持作用，为全球生态安全和应对气候变化做出了积极贡献。

　　国家林业局在加强森林经营和保护、大规模推进造林绿化的同时，从 2003 年开始，相继成立了碳汇办、能源办、气候办等林业应对气候变化管理机构，制定了林业应对气候变化行动计划，开展了碳汇造林试点，建立了全国碳汇计量监测体系，推动林业碳汇减排量进入碳市场交易。同时，广泛宣传普及林业应对气候变化和碳汇知识，促进企业捐资造林自愿减排。为进一步引导企业和个人等各类社会主体参与以积累碳汇、减少碳排放为主的植树造林公益活动。经国务院批准，2010 年，由中国石油天燃气集团公司发起、国家林业局主管，在民政部登记注册成立了首家以增汇减排、应对气候变化为目的的全国性公募基金会——中国绿色碳汇基金会。自成立以来，碳汇基金会在推进植树造林、森林经营、减少毁林以及完善森林生态补偿机制等方面做了许多有益的探索。特别是在推动我国企业捐资造林、树立全民低碳意识方面创造性地开展了大量工作，收到了明显成效。2015 年荣获民政部授予的"全国先进社会组织"称号。

　　增加森林碳汇，应对气候变化，既需要各级政府加大投入力度，也需要全社会的广泛参与。为进一步普及绿色低碳发展和林业应对气候变化的相关知识，近期，碳汇基金会组织编写完成了《碳汇中国》系列丛书，比较系统地介绍了全球应对气候变化治理的制度和政策背景，应对气候变化的国际行动和谈判进程，林业纳入国内外温室气体减排的相关规则和要求，林业碳汇管理的理论与实践等内容。这是一套关于林业碳汇理论、实践、技术、标准及其管理规则的丛书，对于开展碳汇研究、指导实践等具有较高的价值。这套丛书的出版，将会使广大读者特别是林业相关从业人员，加深对应对气候变化相关全球治理制度与政策、林业碳汇基本知识、国内外碳交易等情况的了解，切实增强加快造林绿化、增加森林碳汇的自觉性和紧迫性。同时，也有利于帮助广大公众进一步树立绿色生态理念和低碳生活理念，积极参加造林增汇活动，自觉消除碳足迹，共同保护人类共有的美好家园。

国家林业局局长　张建龙

二〇一六年二月二日

前　言

　　为推进我国林业温室气体自愿减排项目核证自愿减排量（CCER）进入国家碳交易试点的步伐，促进我国生态文明和美丽中国建设，推动绿色低碳可持续发展，在国家林业局、广东省林业厅的支持下，由中国绿色碳汇基金会资助并提供技术支持，与广东省林业调查规划院合作，开发了全国首个中国林业温室气体自愿减排项目（简称林业 CCER 项目）"广东长隆碳汇造林项目"。该项目是截至 2015 年 5 月 25 日，唯一获得国家发展与改革委员会注册（项目备案）和减排量签发（CCER 备案）的林业碳汇项目。

　　该项目的重要意义在于：一、通过造林活动吸收、固定二氧化碳，产生可用于我国碳交易试点地区控排企业抵排履约的 CCER，为我国林业碳汇进入碳市场交易提供项目实践经验和首个示范案例；二、排控企业通过碳市场购买林业 CCER，使森林生态服务真正实现了货币化，为通过市场机制实现生态效益补偿提供了有效途径；三、项目的实施不仅增加森林植被恢复，还具有改善生态环境、保护生物多样性和增加当地农民收入等多重效益。特别重要的是，将农户植树造林的活动纳入了减缓和适应气候变化的进程，有利于促进当地经济社会可持续发展，为建设生态文明和美丽中国做出贡献。

　　该项目是按照国家发展和改革委员会备案的方法学 AR – CM – 001 – V01《碳汇造林项目方法学》开发的全国第一个可进入国内碳市场交易的中国林业温室气体自愿减排项目。在中国绿色碳汇基金会广东碳汇基金的支持下，该项目于 2011 年在广东省欠发达地区梅州市的五华县与兴宁市和河源市的紫金县与东源县的宜林荒山地区，实施碳汇造林面积 1.3 万亩（866.7hm²）。采用荷木、枫香、山杜英、火力楠、红锥、格木、黎蒴等多个阔叶乡土树种营造混交林。2014 年 3 月 30 日，该项目通过了国家发展和改革委员会备案的审定与核证机构"中环联合（北京）认证中心有限公司"（以下简称 CEC）负责的独立审定；6 月 27 日，该项目通过国家发展和改革委员会组织的温室气体自愿减排项目备案审核会，7 月 21 日获得国家发展和改革委员会的项目备案批复。项目计入期 20 年（2011 年 1 月 1 日至 2030 年 12 月 31 日）内预计可产生减排量为 34.7 万吨二氧化碳当量，年均减排量为 1.7 万吨二氧化碳当量。

2015 年 4 月第一监测期(2011 年 1 月 1 日至 2014 年 12 月 31 日)的监测报告,通过 CEC 的独立核证。4 月 29 日,该项目通过国家发展和改革委员会组织的温室气体自愿减排项目减排量备案审核会第四次会议的审议。5 月 25 日,项目第一监测期产生的减排量获得国家发展和改革委员会备案签发。该项目的减排量已被广东省碳排放权交易试点的控排企业"广东省粤电集团有限公司"购买,用于减排履约。从而现实了首个林业 CCER 项目从项目设计、审定、实施、注册、监测、核证、签发到交易、抵排的所有环节的全覆盖,为我国提供了可供参考的林业 CCER 项目案例。

为了进一步推动和规范国内林业 CCER 项目开发和管理,加强国内对从事林业 CCER 项目开发的项目业主、咨询机构和管理机构人员的能力建设,我们将所开发的首个林业 CCER 开发项目设计文件(PDD)、审定报告、监测报告(MR)和核证报告以及国家发展和改革委员会的有关备案函等核心项目文件汇编成册,并对有关报告中不足之处进行了修改完善,以供读者学习参考。

广东林业调查规划院的有关同志参与了项目设计文件开发和固定样地监测的外业调查和内业工作。中环联合(北京)认证中心有限公司的有关审核员参与了项目审定和核证工作。在此,一并致谢! 鉴于编者水平有限,书中不妥之处在所难免,请读者批评指正。

编者

2015 年 12 月

目　录

第一章　项目设计文件

　　本章介绍全国首个中国林业温室气体自愿减排项目"广东长隆碳汇造林项目"的项目设计文件(PDD)。该项目设计文件是按照国家发展和改革委员会备案的方法学 AR-CM-001-V01《碳汇造林项目方法学》和中国林业温室气体自愿减排项目设计文件表格(F-CCER-F-PDD)，依据项目造林作业设计等文件材料，编写而成。其内容包括 5 个部分，即 A 部分：项目活动描述；B 部分：选定的基线和监测方法学；C 部分：项目运行期及计入期；D 部分：环境影响；F 部分：利益相关方分析。项目设计文件模板(F-CCER-F-PDD)也是该项目的一个成果，其是由中国绿色碳汇基金会，按照有关林业 CCER 方法学要求，参考有关项目设计文件模板，并结合林业项目实际起草而成的，经报国家发展和改革委员会同意后，正式在全国林业温室气体自愿减排项目中推广应用。

中国林业温室气体自愿减排
项目设计文件表格（F-CCER-F-PDD）
第 1.0 版

项目设计文件(PDD)

项目活动名称	广东长隆碳汇造林项目
项目设计文件版本	03
项目设计文件完成日期	2014 年 07 月 01 日
项目补充说明文件版本	—
项目补充说明文件完成日期	—
申请项目备案的企业法人	广东翠峰园林绿化有限公司
项目业主	广东翠峰园林绿化有限公司
项目所在领域及所选择的方法学	领域 14：造林； AR-CM-001-V01《碳汇造林项目方法学》
预估的年均温室气体减排量	17，365 tCO$_2$当量／年

A 部分：项目活动描述

A.1 项目目的与项目概述

〉〉森林具有碳汇功能，通过植树造林、科学经营森林等活动、保护和恢复森林植被，增汇减排，是减缓气候变暖的重要途径。为积极响应广东省委、省政府绿化广东的号召，广东翠峰园林绿化有限公司在中国绿色碳汇基金会广东碳汇基金的支持下，筹集资金，于 2011 年在广东省欠发达地区的宜林荒山，实施碳汇造林项目，造林规模为 13000 亩(866.7hm²)，造林密度每亩 74 株。其中，梅州市五华县 4000 亩(266.7hm²)、兴宁市 4000 亩(266.7hm²)；河源市紫金县 3000 亩(200.0hm²)、东源县 2000 亩(133.3hm²)。拟议项目旨在发挥造林增汇效益的同时，发挥森林的保护生物多样性、改善当地生存环境和自然景观、增加群众收入等多重效益。拟议项目在 20 年计入期内，预计产生 347，292 吨二氧化碳(tCO_2e)的减排量，年均减排量为 17，365 吨二氧化碳(tCO_2e)。

该项目对于推进可持续发展具有重要意义，具体体现在：

1. 通过造林活动吸收、固定二氧化碳，产生可测量、可报告、可核查的温室气体排放减排量，发挥碳汇造林项目的试验和示范作用；

2. 增强项目区森林生态系统的碳汇功能，加快森林恢复进程，控制水土流失，保护生物多样性，减缓全球气候变暖趋势；

3. 增加当地农户收入，促进当地经济社会的可持续发展。

A.2 项目活动的地点

A.2.1 省/直辖市/自治区

〉〉广东省

A.2.2 市(县)/乡镇等

〉〉梅州市五华县转水镇、华城镇，兴宁市径南镇、永和镇、叶塘镇；河源市紫金县附城镇、黄塘镇、柏埔镇，东源县义合镇。

A.2.3 项目地理位置

〉〉拟议造林项目地理位置见图 A-1。

五华县，广东省梅州市辖县，革命老区县，地处广东省东北部，韩江上游，是粤东丘陵地带的一部分，地处北纬 23°23′~24°12′，东经 115°18′~

116°02′，东起郭田照月岭，西止长布鸡石，南至登畲龙狮殿，北至新桥洋塘尾。东南与丰顺、揭西、陆丰交界，西南与源城、紫金接壤，西北与龙川相连，东北与兴宁毗邻。东西相距 71.6km，南北长约 88.0km。

兴宁市位于广东省东北部，地处东经 115°30′～116°00′，北纬 23°51′～24°37′之间。东与梅县接壤，南与丰顺县相连，西靠龙川县和五华县，北与广东省平远县和江西省寻邬县毗邻，处于东江和韩江上游。

紫金县地理坐标为东经 114°40′～115°30′，北纬 23°10′～23°45′。东接五华县，东南与陆河县相连，南与惠东县相邻，西南与惠州市惠阳区相接，西与博罗县隔东江相邻，西北与河源市源城区相接，北与东源县交界。东西长 88.6km，南北宽 64.0km。

东源县地处广东省东北部东江中上游，位于东经 114°38′～115°22′，北纬 23°41′～24°13′之间。东源县东接龙川县、五华县，南连紫金县，西靠源城区、新丰江林管局，北与和平、连平两县毗邻。

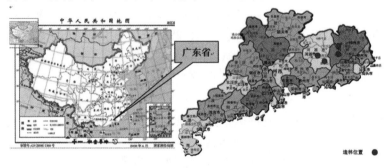

图 A-1　拟议碳汇造林项目的地理位置图

A.2.4　项目地理边界

〉〉根据所用方法学 AR-CM-001-V01 中的规定，造林项目活动的"项目边界"是指，由拥有土地所有权或使用权的项目参与方实施的造林项目活动的地理范围，也包括以造林项目产生的产品为原材料生产的木产品的使用地点。项目边界包括事前项目边界和事后项目边界。事前项目边界是在项目设计和开发阶段确定的项目边界，是计划实施造林项目活动的地理边界。

本项目的事前项目边界采用 1:10000 的地形图进行现场勾绘，结合全球定位系统（GPS）实地测量，确定地块边界。拟议项目造林地 59 个小班四至界线清楚（其中，五华县包含 14 个小小班，兴宁市包含 9 个小班，紫金县包含 26 个小班，东源县包含 10 个小班），具体地理边界信息见项目造林作业设计，其地理坐标范围见下表 A-1。

表 A-1　拟议碳汇造林项目造林地小班地理位置

县市	乡镇	小班号	地图识别号	东经度	东纬度	南经度	南纬度	西经度	西纬度	北经度	北纬度
五华县	转水镇	1	F-50-136-59	115°39'14.98"	24°0'50.92"	115°39'12.903"	24°0'43.765"	115°39'12.782"	24°0'50.901"	115°39'13.629"	24°0'54.949"
		2	F-50-136-59	115°39'28.41"	24°0'9.265"	115°39'12.251"	24°0'10.929"	115°39'9.44"	24°0'24.782"	115°39'13.77"	24°0'39.454"
		3	F-50-136-59	115°39'25.236"	23°59'53.363"	115°39'19.195"	23°59'44.772"	115°39'4.474"	24°0'1.744"	115°39'7.672"	24°0'7.391"
		4	F-50-4-3	115°39'9.521"	23°59'52.922"	115°39'11.244"	23°59'44.317"	115°38'52.309"	23°59'56.201"	115°38'52.309"	23°59'56.201"
		5	F-50-4-3	115°39'8.239"	23°59'42.732"	115°38'58.773"	23°59'31.506"	115°38'56.275"	23°59'41.269"	115°38'49.177"	23°59'54.207"
		6	F-50-136-59	115°39'36.599"	23°59'44.322"	115°39'26.707"	23°59'30.823"	115°39'21.896"	23°59'39.86"	115°39'30.399"	23°59'50.184"
	华城镇	1	F-50-136-59	115°39'4.976"	24°0'55.391"	115°39'2.873"	24°0'52.458"	115°39'.500"	24°0'54.346"	115°39'.553"	24°0'57.312"
		2	F-50-136-59	115°39'12.205"	24°0'49.577"	115°39'11.375"	24°0'43.852"	115°39'9.009"	24°0'50.839"	115°39'11.634"	24°0'54.946"
		3	F-50-136-59	115°38'57.998"	24°0'42.399"	115°38'45.667"	24°0'32.867"	115°38'45.782"	24°0'43.392"	115°38'52.791"	24°0'46.274"
		4	F-50-136-59	115°39'8.783"	24°0'28.552"	115°39'4.709"	24°0'20.674"	115°39'2.756"	24°0'30.253"	115°39'4.834"	24°0'41.053"
		5	F-50-136-59	115°38'46.773"	24°0'5.555"	115°38'36.712"	23°59'57.539"	115°38'34.895"	24°0'6.533"	115°38'40.321"	24°0'17.518"
		6	F-50-136-59	115°39'5.432"	24°0'9.553"	115°38'52.064"	23°59'59.014"	115°38'50.123"	24°0'12.823"	115°38'56.17"	24°0'25.268"
		7	F-50-4-3	115°38'49.363"	23°59'56.821"	115°38'45.455"	23°59'54.68"	115°38'41.087"	23°59'56.189"	115°38'47.153"	23°59'57.877"
		8	F-50-4-3	115°38'34.118"	23°59'47.779"	115°38'29.639"	23°59'25.136"	115°38'26.249"	23°59'48.487"	115°38'31.016"	23°59'54.462"
兴宁市	径南镇	1	G-50-136-23	115°54'15.028"	24°12'31.77"	115°54'4.384"	24°12'26.706"	115°53'53.508"	24°12'26.799"	115°54'4.725"	24°12'30.664"
		2	G-50-136-31	115°54'10.534"	24°12'9.123"	115°54'4.985"	24°12'.313"	115°53'47.19"	24°12'9.299"	115°53'47.19"	24°12'9.299"
		3	G-50-136-31	115°54'34.08"	24°12'9.55"	115°54'21.893"	24°11'58.543"	115°54'16.147"	24°12'12.775"	115°54'17.72"	24°12'26.2"
		4	G-50-136-31	115°54'20.383"	24°11'12.443"	115°54'14.657"	24°11'2.471"	115°53'49.694"	24°11'19.638"	115°54'6.949"	24°11'26.91"

（续）

县市	乡镇	小班号	地图识别号	东 经度	东 纬度	南 经度	南 纬度	西 经度	西 纬度	北 经度	北 纬度
兴宁市	永和镇	1	G-50-136-38	115°49′58.446″	24°9′12.063″	115°49′49.372″	24°9′5.157″	115°49′47.079″	24°9′10.041″	115°49′54.605″	24°9′17.063″
		2	G-50-136-38	115°50′11.707″	24°8′48.94″	115°50′4.612″	24°8′48.146″	115°49′49.193″	24°8′53.737″	115°49′55.592″	24°8′59.014″
		3	G-50-136-38	115°50′7.589″	24°8′32.389″	115°49′59.813″	24°8′21.925″	115°49′52.219″	24°8′32.787″	115°49′57.999″	24°8′46.331″
	叶塘镇	1	G-50-136-26	115°36′39.254″	24°11′35.117″	115°36′39.374″	24°11′24.049″	115°36′26.577″	24°11′37.259″	115°36′28.758″	24°11′52.218″
		2	G-50-136-27	115°37′2.674″	24°10′52.878″	115°36′52.899″	24°10′57.626″	115°36′34.896″	24°11′4.77″	115°36′45.317″	24°11′16.15″
紫金县	附城镇	1	F-50-2-10	115°6′37.289″	23°37′22.813″	115°6′35.526″	23°37′17.322″	115°6′30.845″	23°37′20.039″	115°6′32.993″	23°37′26.834″
		2	F-50-2-10	115°6′55.07″	23°37′28.978″	115°6′50.017″	23°37′23.098″	115°6′47.434″	23°37′26.557″	115°6′49.246″	23°37′28.951″
		3	F-50-15-2	115°5′54.001″	23°37′36.719″	115°5′1.6″	23°37′34.156″	115°4′56.994″	23°37′35.891″	115°4′58.441″	23°37′38.202″
		4	F-50-15-2	115°5′47.145″	23°38′3.589″	115°5′45.622″	23°38′.091″	115°5′44.905″	23°38′3.674″	115°5′46.485″	23°38′5.107″
		5	F-50-15-2	115°5′48.284″	23°37′46.423″	115°5′41.081″	23°37′42.14″	115°5′32.028″	23°37′49.014″	115°5′41.763″	23°37′52.316″
		6	F-50-15-2	115°4′43.951″	23°38′47.436″	115°4′36.931″	23°38′40.736″	115°4′27.801″	23°38′47.29″	115°4′39.244″	23°38′54.004″
		7	F-50-15-2	115°4′40.153″	23°38′35.211″	115°4′37.6″	23°38′33.508″	115°4′36.604″	23°38′35.063″	115°4′38.316″	23°38′38.869″
	黄塘镇	1	F-50-15-2	115°3′55.827″	23°39′16.705″	115°3′49.159″	23°39′15.276″	115°3′46.473″	23°39′15.552″	115°3′53.882″	23°39′17.462″
		2	F-50-15-2	115°4′10.98″	23°39′14.489″	115°4′8.348″	23°39′14.559″	115°4′5.446″	23°39′15.817″	115°4′6.964″	23°39′16.477″
		3	F-50-15-2	115°4′9.838″	23°39′11.762″	115°4′8.543″	23°39′10.997″	115°4′6.065″	23°39′10.189″	115°4′8.133″	23°39′11.981″
		4	F-50-2-63	114°56′9.438″	23°42′36.861″	114°55′32.498″	23°42′17.494″	114°55′41.157″	23°42′33.609″	114°56′1.118″	23°42′43.163″
		5	F-50-15-1	115°2′34.245″	23°39′42.209″	115°2′12.045″	23°39′23.87″	115°2′4.176″	23°39′32.307″	115°2′25.439″	23°39′50.223″
		6	F-50-15-1	115°2′54.137″	23°39′32.017″	115°2′41.328″	23°39′23.719″	115°2′35.257″	23°39′34.982″	115°2′44.869″	23°39′46.397″
		7	F-50-15-1	115°3′5.754″	23°39′30.313″	115°3′3.974″	23°39′29.465″	115°3′.811″	23°39′30.863″	115°3′2.539″	23°39′32.141″
		8	F-50-15-1	115°3′24.491″	23°39′23.371″	115°3′14.669″	23°39′15.139″	115°3′7.448″	23°39′22.627″	115°3′9.862″	23°39′32.628″
		9	F-50-15-1	115°3′43.598″	23°39′41.341″	115°3′38.797″	23°39′36.301″	115°3′38.994″	23°39′37.589″	115°3′43.6″	23°39′41.513″

（续）

县市	乡镇	小班号	地图识别号	东 经度	东 纬度	南 经度	南 纬度	西 经度	西 纬度	北 经度	北 纬度
紫金县	黄塘镇	10	F-50-2-57	115°1′19.218″	23°41′2.641″	115°0′52.243″	23°40′51.811″	115°0′58.118″	23°41′2.951″	115°1′2.654″	23°41′9.973″
		11	F-50-2-57	115°2′1.85″	23°41′5.46″	115°1′56.595″	23°41′2.228″	115°1′56.916″	23°41′7.385″	115°1′59.827″	23°41′9.429″
		12	F-50-2-57	115°1′4.722″	23°40′27.599″	115°1′5.348″	23°40′18.05″	115°1′2.224″	23°40′30.583″	115°1′3.795″	23°40′34.442″
		13	F-50-2-63	114°57′9.118″	23°41′14.462″	114°57′4.42″	23°41′10.406″	114°56′56.391″	23°41′13.895″	114°57′2.25″	23°41′16.976″
		14	F-50-2-63	114°56′48.791″	23°41′32.282″	114°56′48.588″	23°41′24.785″	114°56′40.957″	23°41′33.637″	114°56′45.222″	23°41′34.574″
		15	F-50-2-64	114°55′58.349″	23°42′6.866″	114°55′54.193″	23°42′5.601″	114°55′50.685″	23°42′8.615″	114°55′51.993″	23°42′11.341″
	柏埔镇	1	F-50-2-55	114°53′34.935″	23°42′41.891″	114°53′31.457″	23°42′38.643″	114°53′20.279″	23°42′42.835″	114°53′26.641″	23°42′44.519″
		2	F-50-2-55	114°53′59.625″	23°42′42.27″	114°53′57.824″	23°42′38.41″	114°53′55.713″	23°42′43.84″	114°53′55.828″	23°42′46.935″
		3	F-50-2-55	114°54′18.544″	23°42′49.985″	114°54′11.702″	23°42′46.585″	114°54′4.973″	23°42′45.85″	114°54′9.946″	23°42′49.175″
		4	F-50-2-54	114°50′48.237″	23°43′5.357″	114°50′48.428″	23°43′.145″	114°50′43.417″	23°43′5.177″	114°50′45.914″	23°43′10.014″
东源县	义合镇	1	F-50-2-31	114°55′00.63″	23°52′13.90″	114°54′57.06″	23°52′10.25″	114°54′40.58″	23°52′12.41″	114°54′51.33″	23°52′19.55″
		2	F-50-2-31	114°54′49.27″	23°52′08.95″	114°54′35.64″	23°51′57.25″	114°54′29.35″	23°52′01.46″	114°54′45.56″	23°52′15.30″
		3	F-50-2-31	114°55′04.06″	23°52′08.82″	114°55′08.06″	23°51′59.55″	114°54′47.19″	23°52′12.88″	114°55′51.33″	23°52′15.40″
		4	F-50-2-31	114°55′13.16″	23°51′58.23″	114°55′08.02″	23°51′49.53″	114°55′03.23″	23°52′03.01″	114°55′08.14″	23°52′08.16″
		5	F-50-2-31	114°54′53.30″	23°52′0050″	114°54′48.49″	23°51′51.25″	114°54′43.50″	23°52′02.55″	114°54′49.34″	23°52′05.42″
		6	F-50-2-31	114°55′03.13″	23°51′49.82″	114°54′49.63″	23°51′42.69″	114°54′44.26″	23°51′42.53″	114°54′52.68″	23°51′51.43″
		7	F-50-2-31	114°55′15.01″	23°51′38.54″	114°55′06.59″	23°51′38.17″	114°54′58.43″	23°51′36.82″	114°55′15.19″	23°51′41.12″
		8	F-50-2-31	114°54′51.95″	23°51′36.63″	114°54′51.05″	23°51′34.82″	114°54′48.35″	23°51′36.12″	114°54′49.77″	23°51′37.78″
		9	F-50-2-31	114°54′47.55″	23°51′51.63″	114°54′04.40″	23°51′43.86″	114°54′34.15″	23°51′51.79″	114°54′40.83″	23°51′55.40″
		10	F-50-2-31	114°54′54.06″	23°51′41.05″	114°54′49.84″	23°51′38.71″	114°54′46.90″	23°51′39.44″	114°54′50.31″	23°51′41.89″

A.3　环境条件

〉〉项目区的气候、水文、森林资源条件描述如下：

(1)气候条件

五华县地处中低纬度南亚热带季风气候区，夏长冬短，雨量充沛，年平均降雨量1500mm，雨量多集中在3~9月；日照时间长，光能充足，年平均日照时间1800小时；气候温暖，年平均气温20℃，最高气温39℃左右，最低气温−2℃左右，无霜期长。

兴宁市属于亚热带气候区，有气候温和、热量足、雨量充沛、无霜期长等特征。全市年平均气温19.4℃，极端最高温为38.3℃，极端最低气温为−3.5℃，全年总积温7683℃，年平均日照时数2078小时，年平均降雨量1447.3~1602mm。无霜期为268天至325天，平均相对湿度78%。

紫金县属于亚热带季风气候。气候温和，光照充足，雨量充沛，季风明显，夏长冬短。年平均气温21.1℃，年降雨量1891.9mm，年日照总时数1703.0小时，年平均相对湿度76%。

东源县属亚热带季风气候，光热充足，雨量充沛。年平均气温21.1℃，1月平均气温11.9℃，7月平均气温28.1℃。年均降雨量1665mm，多集中在4~6月份。主要灾害性天气有低温阴雨、暴雨、寒露风和干旱等。

(2)水文条件

五华县主要河流有琴江和五华河，分别发源于河源市紫金县和龙川县。琴江全长136.5km。五华河全长105km，两河在大坝镇大湖村汇合，流入梅江。土质多为沙质土壤，水土流失严重。

兴宁市北部的罗浮镇属东江流域，镇内河溪均流入东江上游的渡田河。其余28个镇属韩江流域，镇内46条河溪水流入韩江上游的梅江。

紫金县分属东江、韩江两个水系。东部为韩江水系，集雨面积819 km²，占全县流域面积的22.9%；中、西部为东江水系，集雨面积2808 km²，占全县流域77.1%。全县河流流域面积在100 km²以上的有14条。其中东江水系有秋香江、义容河、柏埔河、康禾河(上游)、汀村水、龙渡水、青溪河、南山水、上义河、围澳水等10条；韩江水系有中坝河、洋头河、龙窝水、水墩水等4条。

东源县境内闻名中外的新丰江水库(万绿湖)，库容面积364 km²，蓄水量达139亿m³，水质常年稳定在国家地表水一类标准。有装机29.25万kw

的新丰江水电站，有 21 万 kw 可供开发的水力资源。

(3)森林资源条件

根据 2010 年森林资源档案更新数据：

五华县林业用地面积 237761hm²，占全省林业用地面积的 2.1%。林业用地按地类分：有林地 199676.7hm²，疏林地 887.9hm²，灌木林地 5103hm²，未成林地 9608.8hm²，无林地 22476.5hm²，森林覆盖率 64.2%；按一级林种分类：生态公益林 87108.4hm²，占林业用地的面积 36.6%；商品林 150652.6hm²，占林业用地面积的 63.4%。全县活立木蓄积 442.0 万 m³。全县林木总生长量为 25.0 万 m³，林木总消耗量 13601 m³，林木绿化率为 68.2%。

兴宁市林业用地面积 136865hm²，占全市国土总面积 207236hm² 的 66.0%。其中有林地面积 120700hm²，占林业用地面积的 88.2%，森林覆盖率 64.2%，全市活立木总蓄积量 388.9 万 m³；省级生态公益林面积 58715hm²，占林业用地面积的 42.9%。

紫金县林业用地面积 282600hm²，占国土面积的 79.8%。林业用地按地类分：有林地 255133hm²；全县活立木蓄积 1126.3 万 m³。

东源县全县总面积 244000hm²，林业用地面积 185000hm²，其中：有林地面积 162000 万 hm²，疏林地面积 3000hm²，灌木林地面积 2000hm²，未成林地面积 1000hm²，无林地面积 8000hm²。全县生态公益林面积 62000hm²，商品林面积 123000hm²，全县活立木总蓄积量达 800 多万 m³，森林覆盖率达 69.5%。

A.4　采用的技术和(或)措施

〉〉拟议项目采用的技术标准或规程：

广东长隆碳汇造林项目作业设计(2010 年 10 月)；

碳汇造林技术规定(试行)(国家林业局，办造字[2010]84 号)；

碳汇造林检查验收办法(试行)(国家林业局，办造字[2010]84 号)；

《国家森林资源连续清查技术规定》(林资发[2004]25 号)；

《森林资源规划设计调查技术规程》(GB/T 26424 – 2010)；

《造林技术规程》(GB/T15776 – 2006)；

《造林作业设计规程》(LY/T1607 – 2003)；

《生态公益林建设技术规程》(GB/T18337.3)；

《森林抚育规程》(GB/T15781 – 2009)。

(1)造林模式

结合造林地的立地条件以及各县近年来的造林经验,每亩按74株进行植苗,主要选用樟树、荷木、枫香、山杜英、相思、火力楠、红锥、格木、黎蒴9个树种进行随机混交种植。造林模式见表A-2。

表A-2　造林模式表

造林模式编号	造林树种配置	混交方式	造林时间	初植密度(株/亩)
Ⅰ	樟树18 荷木20 枫香18 山杜英18	不规则块状	2011	74
Ⅱ	樟树18 荷木20 相思18 火力楠18	不规则块状	2011	74
Ⅲ	荷木26 黎蒴12 樟树17 枫香19	不规则块状	2011	74
Ⅳ	荷木31 黎蒴18 樟树25	不规则块状	2011	74
Ⅴ	枫香16 荷木20 格木20 红锥18	不规则块状	2011	74
Ⅵ	枫香20 荷木32 火力楠6 樟树16	不规则块状	2011	74
Ⅶ	枫香26 荷木23 格木25	不规则块状	2011	74
Ⅷ	荷木22 枫香22 樟树15 红锥15	不规则块状	2011	74
Ⅸ	山杜英40 荷木14 樟树10 火力楠10	不规则块状	2011	74

注:造林树种配置,如山杜英40 荷木14 樟树10 火力楠10,表示一亩造林地中山杜英40株、荷木14株、樟树10株、火力楠10株。

(2)种源及育苗

苗木选用两年生的顶芽饱满、无病虫害的一级营养袋壮苗,要求苗高为60 cm以上。苗木必须具备生产经营许可证、植物检疫证书、质量检验合格证和种源地标签,禁止使用无证、来源不清、带病虫害的不合格苗上山造林。碳汇造林优先采用就地育苗或就近调苗,减少长距离运苗等活动造成的碳泄漏。

(3)整地方式

为了防止水土流失,保护现有碳库,本项目将禁止炼山和全垦整地。采用穴状割杂的方式清理林地,清理栽植穴周边的杂草,不伐除原有散生木,加强对原生植被的保护。

(4)栽植技术

造林应在早春雨透后的阴雨天进行,栽植时先在植穴中央挖一个比苗木泥头稍大稍深的栽植孔,去掉包扎苗木的不溶性材料,带土轻放于栽植孔中,扶正苗木适当深栽,然后在苗木的四周回填细土,回满时压实填土,使苗木与原土紧密接触。继续回土至穴面,压实后再回土呈馒头状,以减少水分蒸发。

A.5　项目业主及申请备案法人

项目业主名称	申请项目备案的企业法人	负责备案受理的发展和改革委员会
广东翠峰园林绿化有限公司	广东翠峰园林绿化有限公司	广东省发展和改革委员会

A.6　项目土地权属和核证减排量（CCER）的权属

〉〉拟议造林项目林地所有权和使用权属村集体所有。土地均为宜林荒山。由于这些土地都是法定林业用地，权属清晰，项目地块亦不存在土地权属的争议。

项目种植的林木最终收益归林地所有权者所有，有林木收益时由村集体按股权或每户的人数分配给农户。项目产生的核证减排量归项目业主所有。

A.7　土地合格性评估

〉〉通过实地调查及所获取的相关文件等证明，项目区土地符合所采用的方法学 AR-CM-001-V01 所规定的土地合格性的要求。具体如下：

（1）五华、兴宁、紫金和东源县林业局提供的有效证明表明，项目区所涉及的 59 个小班自 2005 年 2 月 16 日以来至拟议项目实施一直为无林地，总面积为 13000 亩；

（2）实地调查结果表明，项目区土壤类型为赤红壤或红壤，不属于湿地或有机土。

A.8　林业项目减排量非持久性问题的解决方法

〉〉核证减排量 CCER 签发期与计入期相同。

B 部分：选定的基线和监测方法学应用

B.1　所采用的方法学

〉〉采用国家发展和改革委员会备案的温室气体自愿减排交易方法学《碳汇造林项目方法学》（本项目设计文件中简称为《方法学》），编号为 AR-CM-001-V01。

B.2 所采用方法学的适用性

〉〉拟议造林项目完全符合所选择《方法学》要求的适用条件，具体如下：

（1）自 2005 年 2 月 16 日以来至实施项目活动前，造林项目地块严重退化，而且仍在继续退化。大部分土地当前为草本植物、灌木和零星分布的乔木覆盖，达不到森林标准。另外，在没有拟议的造林项目的情况下，由于天然种源匮乏，无法实现天然更新，不能达到森林标准。项目区林地林权清晰，无纠纷。

（2）项目区内为赤红壤或红壤，不属于湿地和有机土的范畴。

（3）本项目所开展造林活动，不违反国家和地方政府的有关法律、法规、政策措施和国家造林技术规程。

（4）拟议造林项目活动对土壤扰动符合水土保持的要求，沿等高线整地，并且采用低密度人工植苗造林（每亩 74 株），土壤扰动面积比例为 2.7%（$0.5 \times 0.5 \times 74/667 = 2.77\%$），远低于 10%，并且不重复扰动。

（5）拟议项目不采取炼山整地以及其他人为火烧的营林方式。

（6）项目活动不移除地表枯落物、不移除伐根、枯死木和采伐剩余物。

（7）项目区属国家规定的林业用地，在基线情景和项目情景均无任何农业活动。因此，不存在项目实施前已有农业活动（作物种植、放牧）转移的情况。

（8）由于所选项目地块，土地贫瘠且较偏远，项目地处于无林地状态已经较长时间。国家财政有限的资金也阻碍了政府在如此偏远贫瘠土地上对造林的投资。营造乡土树种人工林，通常要 20~30 年后，才逐步有经济回报，属于长周期的投资，这阻碍了商业性投资的积极性。当前，该项目地上没有任何进行中或者计划中的造林活动。

B.3 碳库和温室气体排放源的选择

〉〉根据所采用的《方法学》，确定拟议项目边界内碳库和排放源，如表 B-1 和表 B-2。

表 B-1　碳库选择

碳库	是否选择	理由或解释
地上生物量	是	造林活动主要的碳库。
地下生物量	是	造林活动主要的碳库。
枯死木	否	根据方法学的适用条件，保守地忽略该碳库。

（续）

碳库	是否选择	理由或解释
枯落物	否	根据方法学的适用条件，保守地忽略该碳库。
土壤有机碳	否	根据方法学的适用条件，保守地忽略该碳库。
木产品	否	根据方法学的适用条件，保守地忽略该碳库。

表 B-2 项目温室气体排放源的选择

温室气体排放源	温室气体种类	是否选择	理由或解释
生物质燃烧	CO_2	否	生物质燃烧所导致的 CO_2 排放已在碳储量变化中考虑。
	CH_4	是	项目计入期内发生森林火灾时，要考虑生物质燃烧所引起的 CH_4 排放；没有发生森林火灾时，则不选择。
	N_2O	是	项目计入期内发生森林火灾时，要考虑生物质燃烧所引起的 N_2O 排放；没有发生森林火灾时，则不选择。

B.4 碳层划分

B.4.1 事前基线分层

〉〉根据《方法学》的要求和实地调查情况，事前基线分层以造林前项目地散生木的种类和数量进行划分，分层结果见表 B-3。共划分为 12 个事前基线碳层，其中，碳层 1、2、3 位于五华县，碳层 4、5、6 位于兴宁市，碳层 7、8、9 位于紫金县，碳层 10、11、12 位于东源县。

表 B-3 项目事前基线分层表

事前基线碳层编号	面积（亩）	散生木		灌木		草本	
		优势树树	平均年龄	每顷株数	平均盖度（%）	平均高度（cm）	平均盖度（%）	平均高度（cm）
BSL-1	390	湿地松	8	30	—	—	—	—
BSL-2	91	—	—	—	15	40	70	20
BSL-3	3519	马尾松	8	75	15	120	70	100
BSL-4	2141	—	—	—	30	150	60	50
BSL-5	1021	荷木	6	75	20	150	70	50
BSL-6	838	马尾松	8	80	10	60	40	30

（续）

事前基线碳层编号	面积（亩）	散生木			灌木		草本	
		优势树种	平均年龄	每顷株数	平均盖度(%)	平均高度(cm)	平均盖度(%)	平均高度(cm)
BSL-7	316.5	马尾松	17	75	10	150	95	100
BSL-8	2454	—	—	—	20	150	75	100
BSL-9	229.5	马尾松	20	45	10	150	85	100
BSL-10	1615	马尾松	7	60	30	120	75	135
BSL-11	247	桉树	5	165	55	120	45	90
BSL-12	138	枫香	5	15	30	100	55	95

B.4.2　事前项目分层

〉〉根据《方法学》规定，结合项目区造林地地形、气候、土壤等立地条件基本一致，混交方式、造林时间、初植密度以及经营管理措施一致的实际情况，本项目主要依据混交造林树种配置差异将项目区分为 9 个碳层，详见表 B-4。

表 B-4　事前项目分层表

事前项目碳层编号	造林树种配置	混交方式	造林时间	初植密度（株/亩）	面积（亩）
PROJ-1	樟树 18 荷木 20 枫香 18 山杜英 18	不规则块状	2011	74	2733
PROJ-2	樟树 18 荷木 20 相思 18 火力楠 18	不规则块状	2011	74	1267
PROJ-3	荷木 26 黎蒴 12 樟树 17 枫香 19	不规则块状	2011	74	2587
PROJ-4	荷木 31 黎蒴 18 樟树 25	不规则块状	2011	74	1413
PROJ-5	枫香 16 荷木 20 格木 20 红锥 18	不规则块状	2011	74	1500
PROJ-6	枫香 20 荷木 32 火力楠 6 樟树 16	不规则块状	2011	74	811.5
PROJ-7	枫香 26 荷木 23 格木 25	不规则块状	2011	74	688.5
PROJ-8	荷木 22 枫香 22 樟树 15 红锥 15	不规则块状	2011	74	1862
PROJ-9	山杜英 40 荷木 14 樟树 10 火力楠 10	不规则块状	2011	74	138

B.5　基线情景识别与额外性论证

B.5.1　基线情景识别

〉〉根据《方法学》中规定，造林项目基线情景的识别须具有透明性，基于保守性原则确定基线碳储量。识别在没有拟议的碳汇造林项目活动的情况下，项目边界内有可能会发生的各种真实可靠的土地利用情景。根据当地土地利用情况的记录、实地调查资料、根据利益相关者提供的数据和反馈信息等途径来识别可能的土地利用情景。亦可走访当地专家、调研土地所有者或使用者在拟议的项目运行期间关于土地管理或土地投资的计划。

本项目通过对项目区土地利用现状进行实地调查、对利益相关方进行了访谈，结合有关证明材料，在没有拟议的碳汇造林项目活动的情况下，识别并遴选出不违反任何现有的法律法规、其他强制性规定以及国家或地方技术标准的土地利用情景有 2 个：

情景 1：项目区将长期保持当前的宜林荒山荒地状态；

情景 2：开展非碳汇造林的项目。

B.5.2　额外性论证

项目业主公司充分认识到碳资产的价值和项目运行可带来的减排收益，在编制项目作业设计文件时项目业主就决定将该项目减排量进行开发。项目业主在本项目立项后开工前就确定了将项目开工建设、施工和获得减排收益放在同样重要的位置，本项目关键性事件详见下表。

编号	日期	事件描述
1	2010 年 6 月 2 日	广东翠峰园林绿化有限公司(甲方)、兴宁市林业局(乙方)和官亭村村委会、坪宫村村委会、锦洞村村委会、三枫村村委会、上径村村委会、黄竹村村委会(丙方)签订《碳汇造林协议》，明确了甲方负责项目资金投入和建设，并享有碳汇处置权利；乙方负责碳汇造林的组织工作；丙方负责提供符合碳汇造林条件的林地，并做好林木管护工作，享有林木所有权。
2	2010 年 6 月 5 日	广东翠峰园林绿化有限公司(甲方)、东源县林业局(乙方)和义合村村委会(丙方)签订《碳汇造林协议》，明确了甲方负责项目资金投入和建设，并享有碳汇处置权利；乙方负责碳汇造林的组织工作；丙方负责提供符合碳汇造林条件的林地，并做好林木管护工作，享有林木所有权。
3	2010 年 6 月 10 日	广东翠峰园林绿化有限公司(甲方)、紫金县林业局(乙方)和中洞村村委会、中埔村村委会、林田村村委会、庙前村村委会、下黄塘村村委会、腊石村村委会、锦口村村委会、拱桥村村委会、福甲村村委会(丙方)分别签订了《碳汇造林协议》，明确了甲方负责项目资金投入和建设，并享有碳汇处置权利；乙方负责碳汇造林的组织工作；丙方负责提供符合碳汇造林条件的林地，并做好林木管护工作，享有林木所有权。
4	2010 年 6 月 10 日	广东翠峰园林绿化有限公司(甲方)、五华县林业局(乙方)和兴中村村委会、畲维村村委会、长源村村委会(丙方)签订《碳汇造林协议》，明确了甲方负责项目资金投入和建设，并享有碳汇处置权利；乙方负责碳汇造林的组织工作；丙方负责提供符合碳汇造林条件的林地，并做好林木管护工作，享有林木所有权。

(续)

编号	日期	事件描述
5	2010 年 9 月 30 日	广东翠峰园林绿化有限公司委托广东省林业调查规划院开展"广东长隆碳汇造林项目"作业设计工作。
6	2010 年 10 月	广东省林业调查规划院编制完成《广东长隆碳汇造林项目作业设计》。
7	2010 年 11 月 5 日	广东省林业厅下发《关于广东长隆碳汇造林项目作业设计的批复》。
8	2010 年 11 月 6 日	《关于开发广东碳汇造林项目碳汇减排量的决议》
9	2011 年 1 月 1 日	广东翠峰园林绿化有限公司、东源县林业局和东源县义合镇南浩苗圃场三方签署《广东长隆碳汇造林项目施工合同书》。
10	2011 年 1 月 1 日	广东翠峰园林绿化有限公司、五华县林业局和五华华林造林服务有限公司三方签署《广东长隆碳汇造林项目施工合同书》。
11	2011 年 1 月 1 日	广东翠峰园林绿化有限公司、兴宁林业局和兴宁市绿胜园林绿化有限公司三方签署《广东长隆碳汇造林项目施工合同书》。
12	2011 年 1 月 1 日	广东翠峰园林绿化有限公司、紫金县林业局和紫金县绿林营林服务有限公司三方签署《广东长隆碳汇造林项目施工合同书》。
13	2011 年 1 月 4 日	五华县林业局出具五华县"广东长隆碳汇造林项目"的《开工证明》,明确五华县造林开工时间为 2011 年 1 月 4 日。
14	2011 年 1 月 5 日	兴宁市林业局出具兴宁市"广东长隆碳汇造林项目"的《开工证明》,明确兴宁市造林开工时间为 2011 年 1 月 5 日。
15	2011 年 1 月 8 日	东源县林业局出具东源县"广东长隆碳汇造林项目"的《开工证明》,明确东源县造林开工时间为 2011 年 1 月 8 日。
16	2011 年 1 月 7 日	紫金县林业局出具紫金县"广东长隆碳汇造林项目"的《开工证明》,明确紫金县造林开工时间为 2011 年 1 月 7 日。
17	2011 年 6 月 7 日	兴宁市林业局完成兴宁市"广东长隆碳汇造林项目"竣工验收,并出具《广东长隆碳汇(兴宁市)造林项目竣工验收报告》。
18	2011 年 9 月 28 日	紫金县林业局完成紫金县"广东长隆碳汇造林项目"竣工验收,并出具《紫金县广东长隆碳汇造林项目竣工报告》。
19	2011 年 12 月 10 日	东源县林业局完成东源县"广东长隆碳汇造林项目"竣工验收,并出具《东源县广东长隆碳汇造林项目竣工报告》。
20	2012 年 5 月 20 日	五华县林业局完成五华县"广东长隆碳汇造林项目"竣工验收,并出具《广东长隆碳汇(五华县)造林项目竣工验收报告》。
21	2012 年 6 月	广东省林业调查规划院完成"广东长隆碳汇造林项目"验收工作,并出具《广东长隆碳汇造林项目建设成效核查报告》。
22	2012 年 8 月 10 日	《关于开发广东碳汇造林项目碳汇减排量的补充决议》

〉〉根据《方法学》规定的方法步骤，首先对 B.5.1 遴选出的两种土地利用情景进行障碍分析。

（1）障碍分析

〉〉根据《方法学》规定，从以下几个方面进行障碍分析：

①投资障碍

对于情景 2，开展非碳汇造林的项目。广东东部山区属于欠发达地区，当地社区群众经济比较困难，地方财政比较紧张，没有资金投资造林；此外，投资营造乡土树种组成的以生态公益林为主的人工林，在 20～30 年内没有经济回报，因此没有商业吸引力。在这种背景下，由于缺乏财政补贴和非商业性投资，正如过去 20 多年来一样，项目地块一直处于荒山荒地的状态。因此，情景 2 存在投资障碍，可将其剔除。情景 1 不存在投资障碍，保留情景 1。

②技术障碍

对于情景 2，缺少必需的种苗等造林材料和相关造林技术，另外接受过良好技术培训的劳动力也不足。情景 1 不存在技术障碍，保留情景 1。

③生态条件障碍

对于情景 2，项目地土壤贫瘠，林木植被覆盖度低，水土流失严重，项目地土地退化，造林存在生态条件障碍。情景 1 不存在生态条件障碍，保留情景 1。

从以上障碍分析可见，情景 2 存在资金障碍、技术障碍和生态条件障碍。而两种土地利用情景中，情景 1 不存在任何障碍，因此确定情景 1 是基线情景。

根据《方法学》规定，在只有一种土地利用情景不受任何障碍影响时，无需进行投资分析，对拟议项目直接进入"普遍性做法分析"阶段。

（2）普遍性做法分析

〉〉拟议项目所在地不存在类似的造林活动。由于政府规定项目地为林业用地，其它非林业范畴的土地利用方式（如农地、放牧地等）是非法的。在没有拟议碳汇造林项目时，普遍性做法正如过去 20 多年来一样，项目地在未来将保持当前的宜林荒山荒地的状态，即基线情景。而通过实施拟议的碳汇造林项目，不仅为当地引入非商业投资和技术，通过项目培训，提高当地劳动力的造林及营林技能，而且能够提高项目区林地生产力，增加森林面积和蓄积，从而实现增加净碳汇量、减缓气候变暖、保护生物多样性、涵养水源、增加农民收入等多功能经营的目标。本碳汇造林项目是在具有可比性的地理范围、地理位置、环境条件、社会经济条件、制度框架以及投资环境下的首个碳汇造林项目活动，在项目所在地还未有类似碳汇造林项目在实施。因此，拟议的碳汇造林项目活动不是普遍性做法。

根据以上障碍分析和普遍性做法分析结果，确定拟议碳汇造林项目具有额外性。

B.6 项目减排量（项目净碳汇量）的事前预估

B.6.1 基线碳汇量

〉〉基线碳汇量，是指在基线情景下项目边界内各碳库的碳储量变化量之和。

根据本《方法学》的适用条件，在无林地上造林，基线情景下的枯死木、枯落物、土壤有机质和木产品碳库的变化量可以忽略不计，统一视为0。为保护生物多样性，在造林时尽量保留原有的灌木，基于成本有效性原则，在基线情景和项目情景均不计量、监测灌木碳储量变化量，将灌木碳储量变化量设定为0。因此，本项目只考虑项目造林地上现有散生木生长引起的林木生物量碳库中的碳储量变化。基线碳汇量采用公式（1）（《方法学》中公式（1））进行计算：

$$\triangle C_{BSL,t} = \triangle C_{TREE\_BSL,t} + \triangle C_{SHRUB\_BSL,t} \tag{1}$$

式中：

$\triangle C_{BSL,t}$ ——第 t 年的基线碳汇量，$tCO_2e \cdot a^{-1}$

$\triangle C_{TREE\_BSL,t}$ ——第 t 年时，项目边界内基线林木生物质碳储量变化量，$tCO_2e \cdot a^{-1}$

$\triangle C_{SHRFUB\_BSL,t}$ ——第 t 年时，项目边界内基线灌木生物质碳储量变化量，$tCO_2e \cdot a^{-1}$，设为0

由于缺乏项目边界内基线散生木树种的生物量方程和生物量生长方程，根据《方法学》规定，采用"生物量扩展因子法"估算项目边界内基线林木生物质碳储量变化量。

B.6.1.1 散生木碳储量计量模型

（1）散生木树种材积生长方程

各散生木单木材积生长方程见表B-5。

表 B-5　散生木单木材积生长方程

树种	材积生长方程	来源及说明
马尾松、湿地松	$V = 2.0019/((1 + 4.9998/A)^{9.2962})$	采用"CDM 广西西北部地区退化土地再造林项目 PDD"第 141 页中松树单木材积生长方程，进行预测。
阔叶类（荷木、枫香、桉树、相思）	$V = 0.9741 \times (1 - e^{-0.0314A})^{4.2366}$	采用"CDM 广西西北部地区退化土地再造林项目 PDD"第 141 页中硬木单木材积生长方程，进行预测。

注：1、表中：V 表示单株木材积（m^3），A 表示林龄（a）；

2、在基线情景下，由于当地土壤贫瘠，无人经营，散生木生长不良、缓慢，处于衰退状态，因此采用广西类似地区平均生长势的单木生长方程来预测其生长量是保守的。

（2）散生木树种碳储量计量模型

根据公式（2），可推导出马尾松、阔叶类（荷木、桉树、枫香）等单株木的碳储量计量模型。单株木碳储量乘以每一基线碳层的面积和公顷株数，即可得到相应基线碳层碳储量。

$$CS = V \times D \times BEF \times (1 + R) \times CF \times 44/12 \tag{2}$$

马尾松单株木碳储量计量模型为公式（3）：

$$CS = 2.0019/((1 + 4.9998/A)^{9.2962}) \times D \times BEF \times (1 + R) \times CF \times 44/12 \tag{3}$$

阔叶类（荷木、枫香、桉树）单株木碳储量计量模型为公式（4）：

$$CS = 0.9741 \times (1 - e^{-0.0314A})^{4.2366} \times D \times BEF \times (1 + R) \times CF \times 44/12 \tag{4}$$

式中，CS 表示各散生木树种单株木碳储量（tCO_2e／株）；D 表示树种基本木材密度（$t \cdot m^{-3}$）；BEF 表示将林木的树干生物量转换到地上生物量的生物量扩展因子（散生木扩展因子取林分扩展因子的 1.3 倍）；R 表示林木地下生物量与地上生物量比；CF 表示各树种生物量含碳率。相关参数，详见 B.6.4. 事前确定的不需要监测的数据和参数。

B.6.1.2　基线碳汇量

根据 B.6.1.1 中公式和参数，计算得出项目计入期内基线散生木生物质碳储量的年变化量。进而计算得出在整个项目计入期内每年的基线碳汇量，见表 B-6。

表 B-6　基线碳汇量

年份	基线碳汇量($tCO_2 e \cdot a^{-1}$)	累计(tCO_2e)
2011	327	327
2012	434	761
2013	543	1303
2014	648	1951
2015	744	2695
2016	831	3527
2017	908	4434
2018	973	5408
2019	1029	6437
2020	1075	7512
2021	1113	8625
2022	1144	9769
2023	1168	10937
2024	1187	12123
2025	1201	13324
2026	1210	14534
2027	1216	15751
2028	1220	16970
2029	1220	18191
2030	1219	19409

B.6.2　项目碳汇量

项目碳汇量，等于拟议的项目活动边界内各碳库中碳储量变化之和，减去项目边界内产生的温室气体排放的增加量。项目情景下，均不考虑项目边界内灌木、枯死木、枯落物、土壤有机碳、收获的木产品等碳储量的变化，故均为 0；根据本《方法学》的适用条件，项目活动不涉及全面清林和炼山等有控制火烧，因此本《方法学》主要考虑项目边界内森林火灾引起生物质燃烧造成的温室气体排放。对于项目事前估计，由于通常无法预测项目边界内的火灾发生情况，因此不考虑森林火灾造成的项目边界内温室气体排放，即温室气体排放为 0。故只考虑项目边界内林木生物质碳储量的变化。

由于缺乏拟议项目造林树种的生物量方程和生物量生长方程，所以，根据所采用的《方法学》要求，本项目采用与基线情景一致的"生物量扩展因子法"估算项目边界内林木生物量碳储量的变化量。

B.6.2.1　项目边界内林木生物质碳储量计量模型

鉴于拟议的项目造林树种为樟树、荷木、枫香、山杜英、相思、火力楠、藜蒴、红椎、格木9个树种，属于阔叶树种。采用阔叶树林分蓄积生长方程进行事前蓄积量预估，方程如 B-7：

表 B-7　林分蓄积量生长方程

树种	林分蓄积量生长方程	来源及说明
阔叶树类	$V = e^{(5.7779 - 10.0688/(A - 1))}$	由于当地缺乏适用的造林树种蓄积量生长方程，本项目采用张治军(2009)广西造林再造林固碳成本效益研究[博士学位论文]第119页中有关阔叶树的林分蓄积量生长方程进行事前单位面积林分蓄积量预估。该文献中的枫香、荷木等阔叶树碳储量异速生长方程是用转化系数$[D \times BEF \times (1 + R) \times CF]$乘以林分蓄积量生长方程$(V = e^{(5.7779 - 10.0688/(A - 1))})$得到的。经验证，该蓄积量生长方程预测结果符合广东森林连续清查结果。

注：V 表示林分蓄积量(m^3/hm^2)，A 表示林龄(a)。

根据以下公式，可推导出造林树种林分碳储量计量模型公式(5)。

$$CS = V \times D \times BEF \times (1 + R) \times CF \times 44/12 \qquad (5)$$

式中，CS 表示各造林树种林分碳储量(tCO_2e / hm^2)，各树种的 D、BEF、R、CF 取值详见 B.6.4 事前确定的不需要监测的数据和参数。

B.6.2.2　项目碳汇量

根据表 B-7 中林木蓄积量生长方程和上述林分碳储量计量模型，计算得出各造林树种在整个项目计入期内每年的林木生物质碳储量，及项目边界内林木碳储量的年变化量。进而根据碳库选择结果和公式(6)和(7)(《方法学》的公式(10)与公式(11))，得到事前预估的项目碳汇量，结果见表 B-8。

$$\triangle C_{ACTURAL,t} = \triangle C_{p,t} - GHG_{E,t} \qquad (6)$$

式中：

$\triangle C_{ACTURAL,t}$　——第 t 年时的项目碳汇量，$tCO_2e \cdot a^{-1}$

$\triangle C_{P,t}$　——第 t 年时项目边界内所选碳库的碳储量变化量，$tCO_2 e \cdot a^{-1}$

$GHG_{E,t}$　——第 t 年时由于项目活动的实施所导致的项目边界内非 CO_2 温室气体排放的增加量，事前预估时设为 0，$tCO_2 e \cdot a^{-1}$

第 t 年时，项目边界内所选碳库碳储量变化量的计算方法如下：

$$\triangle C_{P,t} = \triangle C_{TREE\_PROJ,t} \tag{7}$$

式中：

$\triangle C_{P,t}$ ——第 t 年时，项目边界内所选碳库的碳储量变化量，tCO_2 $e \cdot a^{-1}$

$\triangle C_{TREE\_PROJ,t}$ ——第 t 年时，项目边界内林木生物量碳储量的变化量，$tCO_2e \cdot a^{-1}$

对于项目事前估计，由于无法预测项目边界内火灾发生的情况，因此不考虑森林火灾造成的项目边界内温室气体排放，即 $GHG_{E,t}=0$。

表 B-8 事前预估的项目碳汇量

年份	项目碳汇量（tCO_2 $e \cdot a^{-1}$）	累计（tCO_2e）
2011	3，856	3，856
2012	16，795	20，651
2013	27，139	47，790
2014	31，274	79，064
2015	31，532	110，596
2016	29，961	140，557
2017	27，687	168，244
2018	25，253	193，496
2019	22，905	216，401
2020	20，743	237，144
2021	18，797	255，941
2022	17，064	273，005
2023	15，529	288，534
2024	14，171	302，705
2025	12，970	315，675
2026	11，905	327，580
2027	10，958	338，538
2028	10，115	348，653
2029	9，362	358，014
2030	8，687	366，701

B.6.3 泄漏

〉〉根据本方法学的适用条件，不存在项目实施可能引起的项目前农业活动的转移，也不考虑项目活动中使用运输工具和燃油机械造成的排放。因此，本项目活动不存在潜在泄漏，设定为0。

B.6.4 事前确定的不需要监测的数据和参数

数据／参数	$D_{TREE,j}$		
数据单位	（t/m³）		
描述	树种的基本木材密度		
数据来源	使用《中华人民共和国气候变化第二次国家信息通报》"土地利用变化和林业温室气体清单"中的数值（见《方法学》P32），查表可得，拟议项目所涉及的树种 D 值。		
使用的值	**涉及树种基本木材密度（D）值**		
	树种	基本木材密度	树种	基本木材密度
	马尾松	0.380	火力楠	0.443
	桉树	0.578	樟树	0.460
	荷木	0.598	山杜英	0.598
	枫香	0.598	相思	0.443
	红锥	0.598	格木	0.598
	藜蒴	0.443		
数据用途	用于将树干材积转换为树干生物量		
其他说明	在基线情景下用 $D_{TREE\_BSL,j}$ 表示；在项目情景下用 $D_{TREE\_PROJ,j}$ 表示		

数据／参数	$BEF_{TREE,j}$		
数据单位	无量纲		
描述	树种的生物量扩展因子		
数据来源	使用《中华人民共和国气候变化第二次国家信息通报》"土地利用变化和林业温室气体清单"中的数值（见《方法学》P33），查表可得，拟议项目所涉及的树种 BEF 值。		
使用的值	**涉及树种生物量扩展因子（BEF）值**		
	树种	生物量扩展因子	树种	生物量扩展因子
	马尾松	1.472	火力楠	1.586
	桉树	1.263	樟树	1.412
	荷木	1.894	山杜英	1.674
	枫香	1.765	相思	1.479
	红锥	1.674	格木	1.674
	藜蒴	1.586		
数据用途	用于将树干生物量转换为地上生物量		
其他说明	（1）当用于生长在开阔地带的散生木时，BEF 值增加30%； （2）在基线情景下用 $BEF_{TREE\_BSL,j}$ 表示；项目情景下用 $BEF_{TREE\_PROJ,j}$ 表示。		

数据／参数	$R_{TREE,j}$
数据单位	无量纲
描述	树种的地下生物量与地上生物量之比
数据来源	使用《中华人民共和国气候变化第二次国家信息通报》"土地利用变化和林业温室气体清单"中的数值（见《方法学》P31），查表可得，拟议项目所涉及的树种的 R 值。

使用的值	涉及树种地下生物量与地上生物量比值			
	树种	$R_{TREE,j}$	树种	$R_{TREE,j}$
	马尾松	0.187	火力楠	0.289
	桉树	0.221	樟树	0.275
	荷木	0.258	山杜英	0.261
	枫香	0.398	相思	0.207
	红锥	0.261	格木	0.261
	黎蒴	0.289		

数据用途	用于将地上生物量转换为整株林木的生物量
其他说明	在基线情景下用 $R_{TREE\_BSL,j}$ 表示；在项目情景下用 $R_{TREE\_PROJ,j}$ 表示

数据／参数	$CF_{TREE,j}$
数据单位	tC /t（碳／吨生物量）
描述	树种的生物量含碳率，用于将生物量转换成含碳量
数据来源	采用 2006 IPCC 国家温室气体清单指南：农业、林业和其它土地利用 P4.48 表4.3 中热带亚热带所有树种的生物量含碳率
使用的值	拟议项目所涉及所有树种的 CF 值取 0.47
数据用途	将生物量转化为含碳量，计算碳储量
其他说明	在基线情景下 $CF_{TREE\_BSL,j}$ 表示；在项目情景下用 $CF_{TREE\_PROJ,j}$ 表示

数据／参数	$COMF_i$
数据单位	无量纲
描述	燃烧指数（针对每个植被类型）
数据来源	因缺乏更优数据，采用《方法学》P41 中的默认值

使用的值	森林类型	林龄（年）	缺省值
	热带森林	3～5	0.46
		6～10	0.67
		11～17	0.50
		≥18	0.32

数据用途	发生森林火灾时，计算排放量
其他说明	采用最接近项目区森林类型的数据

数据/参数	EF_{CH_4}
数据单位	gCH_4/kg
描述	CH_4 排放因子
数据来源	因缺乏更优数据,采用《方法学》P42 中的默认值
使用的值	热带森林 6.8
数据用途	发生森林火灾时,计算排放量
其他说明	采用最接近项目区森林类型的数据

数据/参数	EF_{N_2O}
数据单位	gN_2O/kg
描述	N_2O 排放因子
数据来源	因缺乏更优数据,采用《方法学》P42 中的默认值
使用的值	热带森林 0.20
数据用途	发生森林火灾时,计算排放量
其他说明	采用最接近项目区森林类型的数据

B.6.5 事前预估的项目减排量

项目活动所产生的减排量,等于项目碳汇量减去基线碳汇量。计算公式
(8)(见《方法学》中公式(28))。

$$\Delta C_{AB,t} = \Delta C_{ACTURAL,t} - \Delta C_{BSL,t} \tag{8}$$

式中: $\triangle C_{AB,t}$ ——第 t 年时的项目减排量,$tCO_2e \cdot a^{-1}$

$\triangle C_{ACTURAL,t}$ ——第 t 年时的项目碳汇量,$tCO_2e \cdot a^{-1}$

$\triangle C_{BSL,t}$ ——第 t 年时的基线碳汇量,$tCO_2e \cdot a^{-1}$

t ——1,2,3,……项目开始以后的年数

事前预估的项目减排量(项目净碳汇量)见表 B-9。预估的项目减排量累
积为 347,292 tCO_2e,年均项目减排量为 17,365tCO_2e,亩均项目减排量为
26.75 tCO_2e。

表 B-9 事前预估的项目减排量一览表

年份	基线碳汇量 (tCO_2e)	项目碳汇量 (tCO_2e)	泄漏 (tCO_2e)	项目减排量 (tCO_2e)	项目减排量累计值(tCO_2e)
2011 年 01 月 01 日至 12 月 31 日	327	3856	0	3529	3529
2012 年 01 月 01 日至 12 月 31 日	434	16795	0	16361	19890
2013 年 01 月 01 日至 12 月 31 日	543	27139	0	26596	46486

（续）

年份	基线碳汇量（tCO₂e）	项目碳汇量（tCO₂e）	泄漏（tCO₂e）	项目减排量（tCO₂e）	项目减排量累计值（tCO₂e）
2014 年 01 月 01 日至 12 月 31 日	648	31274	0	30626	77113
2015 年 01 月 01 日至 12 月 31 日	744	31532	0	30787	107900
2016 年 01 月 01 日至 12 月 31 日	831	29961	0	29130	137030
2017 年 01 月 01 日至 12 月 31 日	908	27687	0	26779	163809
2018 年 01 月 01 日至 12 月 31 日	973	25253	0	24279	188088
2019 年 01 月 01 日至 12 月 31 日	1029	22905	0	21876	209964
2020 年 01 月 01 日至 12 月 31 日	1075	20743	0	19668	229632
2021 年 01 月 01 日至 12 月 31 日	1113	18797	0	17684	247316
2022 年 01 月 01 日至 12 月 31 日	1144	17064	0	15920	263236
2023 年 01 月 01 日至 12 月 31 日	1168	15529	0	14361	277598
2024 年 01 月 01 日至 12 月 31 日	1187	14171	0	12985	290582
2025 年 01 月 01 日至 12 月 31 日	1201	12970	0	11769	302351
2026 年 01 月 01 日至 12 月 31 日	1210	11905	0	10694	313045
2027 年 01 月 01 日至 12 月 31 日	1216	10958	0	9742	322787
2028 年 01 月 01 日至 12 月 31 日	1220	10115	0	8895	331682
2029 年 01 月 01 日至 12 月 31 日	1220	9362	0	8141	339824
2030 年 01 月 01 日至 12 月 31 日	1219	8687	0	7468	347292
合计	19409	366701	0	347292	
计入期年数	20				
计入期内年均值	970	18335	0	17365	

B.7 监测计划

B.7.1 需要监测的数据和参数

数据／参数	A_i
数据单位	hm²
应用的公式编号	《方法学》中公式(6)、公式(31)、公式(32)
描述	第 i 项目碳层的面积
数据来源	野外测定
测定步骤	采用国家森林资源清查或森林规划设计调查使用的标准操作程序

（续）

数据／参数	A_i
监测频率	第一次监测时间：2015 年 1 月 第二次监测时间：2020 年 10 月 第三次监测时间：2025 年 10 月 第四次监测时间：2030 年 10 月
质量保证和质量控制（QA/QC）程序	采用国家森林资源调查使用的质量保证和质量控制（QA/QC）程序，面积测定误差不大于 5%
其他说明	在项目情景下用 $A_{PROJ,i}$ 表示。

数据／参数	A_p
数据单位	hm^2
描述	固定样地面积
应用的公式编号	《方法学》中公式(31)、公式(32)、公式(33)
数据来源	野外测定、核实
测定步骤	采用国家森林资源清查或森林规划设计调查使用的标准操作程序
监测频率	第一次监测时间：2015 年 1 月 第二次监测时间：2020 年 10 月 第三次监测时间：2025 年 10 月 第四次监测时间：2030 年 10 月
QA/QC	采用国家森林资源调查使用的质量保证和质量控制（QA/QC）程序.
其他说明	在项目情景下用 A_{PROJ} 表示。

数据／参数	*DBH*
数据单位	cm
应用的公式编号	《方法学》中公式(6)
描述	胸径(*DBH*)，用于利用材积公式计算林木材积
数据来源	野外测定
测定步骤	采用国家森林资源清查或森林规划设计调查使用的标准操作程序
监测频率	第一次监测时间：2015 年 1 月 第二次监测时间：2020 年 10 月 第三次监测时间：2025 年 10 月 第四次监测时间：2030 年 10 月

（续）

数据／参数	DBH
QA/QC	采用国家森林资源调查使用的质量保证和质量控制（QA/QC）程序。即每木检尺株数：胸径（DBH）≥8cm 的应检尺株数不允许有误差；胸径 <8cm 的应检尺株数，允许误差为 5%，但最多不超过 3 株。 胸径测定：胸径≥20cm 的树木，胸径测量误差应小于 1.5%，测量误差 1.5%～3.0% 的株数不能超过总株数的 5%；胸径 <20cm 的树木，胸径测量误差 <0.3cm，测量误差在大于 0.3cm 小于 0.5cm 的株数不允许超过总株数的 5%。
其他说明	

数据／参数	H
数据单位	m
应用的公式编号	《方法学》中公式(6)
描述	树高（H），用于利用材积公式计算林木材积
数据来源	野外测定
测定步骤	采用国家森林资源清查或森林规划设计调查使用的标准操作程序
监测频率	第一次监测时间：2015 年 1 月 第二次监测时间：2020 年 10 月 第三次监测时间：2025 年 10 月 第四次监测时间：2030 年 10 月
QA/QC	采用国家森林资源调查使用的质量保证和质量控制（QA/QC）程序。树高测量允许误差不大于 5%。
其他说明	

数据／参数	$A_{BURN,i,t}$
数据单位	hm^2
应用的公式编号	《方法学》中公式(25)、公式(26)、公式(27)
描述	第 t 年第 i 层发生火灾的面积
数据来源	野外测量或遥感监测
测定步骤	用 1:10000 地形图或造林作业验收图现场勾绘发生火灾危害的面积，采用符合精度要求的 GPS 和遥感图像测量火灾面积。
监测频率	每次森林火灾发生时均须测量
QA/QC	采用国家森林资源调查使用的质量保证和质量控制（QA/QC）程序，面积测量误差不大于 5%。
其他说明	

B. 7. 2　抽样设计和分层

B. 7. 2. 1　事后分层

项目事后分层，见表 B-10。

表 B-10　事后项目分层表

项目碳层编号	造林树种	面积(亩)
PROJ-1	樟树 18 荷木 20 枫香 18 山杜英 18	2733
PROJ-2	樟树 18 荷木 20 相思 18 火力楠 18	1267
PROJ-3	荷木 26 黎蒴 12 樟树 17 枫香 19	2587
PROJ-4	荷木 31 黎蒴 18 樟树 25	1413
PROJ-5	枫香 16 荷木 20 格木 20 红锥 18	1500
PROJ-6	枫香 20 荷木 32 火力楠 6 樟树 16	811.5
PROJ-7	枫香 26 荷木 23 格木 25	688.5
PROJ-8	荷木 22 枫香 22 樟树 15 红锥 15	1862
PROJ-9	山杜英 40 荷木 14 樟树 10 火力楠 10	138

每次监测时，可根据实际造林、营林的实际情况进行调整和更新。同时向审定核查机构报告碳层所发生的变化。

B. 7. 2. 2　抽样设计

采用基于固定样地的分层抽样方法监测项目碳汇量。通过建立固定监测样地监测每一个碳层相关碳库变化。碳层内其余部分应该同等对待，并防止在项目计入期内被毁林。

根据《方法学》的要求，考虑到项目地树种组成、立地条件等因素，样地面积拟定为 $0.06\text{hm}^2(20\text{m}\times30\text{m})$。

使用《方法学》中公式(31)，按照90%的可靠性和90%的抽样精度要求，计算项目所需监测的固定样地数量见公式(9)：

$$n = \left(\frac{t_{VAL}}{E}\right)^2 * \left(\sum_i w_i * s_i\right)^2 \tag{9}$$

式中：

n　　—项目边界内估算生物质碳储量所需的监测样地数量，无量纲

t_{VAL}　—可靠性指标。在一定的可靠性水平下，自由度为无穷(∞)时查
　　　　　t 分布双侧 t 分位数表的 t 值班，无量纲

w_i　　—项目边界内第 i 项目碳层的面积权重，无量纲

s_i —项目边界内第 i 项目碳层生物质碳储量估计值的标准差，tC.hm^{-2}

E —项目生物量碳储量估计值允许的误差范围（绝对误差限），tC.hm^{-2}

i —1，2，3……项目碳层

分配到各层的监测样地数量，采用《方法学》中公式（32）最优分配法进行计算，见公式（10）：

$$n_i = n \cdot \frac{w_i \cdot s_i}{\sum\limits_{i=1} w_i \cdot s_i} \tag{10}$$

式中：

n_i —项目边界内第 i 项目碳层估算生物质碳储量所需的监测样地数量，无量纲

i —1，2，3……项目碳层

取项目区样地调查的各层生物质碳储量作为样本，根据林业调查的经验可知，造林地块树种越多，变异系数越大。当造林树种数不多于3种时，变动系数 C 取0.3；当造林树种数多于3种时，变异系数 C 取0.4，从而得到估算出各层的标准差 s_i（各碳层单位面积碳储量×变动系数），计算得到 n = 40。按照公式（10）和每层不少于三个固定样地的要求（满足统计需要），分配各层样地数，最后确定总样地数为44个，各项目碳层样地数见表 B-11。

表 B-11 固定样地分配表

项目碳层编号	样地数	项目碳层编号	样地数
PROJ-1	9	PROJ-6	3
PROJ-2	4	PROJ-7	3
PROJ-3	8	PROJ-8	6
PROJ-4	3	PROJ-9	3
PROJ-5	5	合计	44

B.7.3 监测计划的其他要素

B.7.3.1 样地设置

按照《方法学》要求，固定样地采用随机起点的系统设置方式，要求样地在各层空间分布比较均匀，监测样地大小设定为0.06hm^2，样地形状为矩形（20m×30m）。同时样地边缘离地块边缘应大于10m，通过 GPS 记录固定

监测样地的坐标。固定样地用导线法测设时,测线周长闭合差不超 1/200。并在每个监测期进行复位监测(可利用 GPS 导航进行复位,在第一次监测时保留各个样地的 GPS 导航线路,确保第二次以后的复位按 GPS 导航线路进行快速定位)。

B. 7. 3. 2　监测频率

在项目计入期 2011～2030 年内,对固定样地监测 4 次。第一次监测时间:2015 年 1 月;第二次监测时间:2020 年 10 月;第三次监测时间:2025 年 10 月;第四次监测时间:2030 年 10 月。

B. 7. 3. 3　项目碳汇量的监测

采用连续固定样地的分层抽样方法进行监测,监测林木地上生物量和地下生物量两个碳库的变化量。按森林调查的要求,测定样地内所有林木的树高、胸径。采用广东省森林资源调查常用数表中二元材积方程和《方法学》提供的生物量因子扩展法来计算各树种碳储量,最终获取指定期内的碳储量变化量。

B. 7. 3. 4　项目活动的监测

项目活动的监测需对项目运行期内的森林经营项目活动(抚育等)和项目区内森林灾害(毁林、林火、病虫害等)发生情况以及项目边界与面积进行监测并详细记录。项目边界、面积监测,利用≥1:10000 的地形图现场勾绘,或利用误差小于 5m 的 GPS 直接测定,或利用高分辨率卫片等地理空间数据判读确定其地理边界,测定面积,面积监测误差小于 5%。如果发生毁林、火灾或病虫害等导致边界内的土地利用方式发生变化,应确定其边界并将发生土地利用变化的地块调整到边界之外,已移出项目边界的地块,自移出之日起将不再纳入项目边界内。

B. 7. 3. 5　林木生物质碳储量的监测

第一步:在每一个监测年份,对项目区内的固定样地进行每木检尺,起测胸径为 5.0cm,测量并分树种记录每株林木的胸径和树高。

第二步:使用表 B-12 中各树种材积方程,计算单株林木材积,采用生物量扩展因子法计算样地内各树种的林木生物量。将样地内各树种的林木生物量累加,得到样地生物量。采用各树种的含碳率,将各树种的生物量换算为生物质碳储量,累加得到样地水平的林木生物质碳储量。

表 B-12 项目树种的相关材积方程

优势树种(组)	材积方程	适用范围	来源
黎蒴	$V = 6.29692 \times 10^{-5} \times DBH^{1.81296} \times H^{1.01545}$	广东省	广东省森林资源调查常用数表①
火力楠	$V = 6.74286 \times 10^{-5} \times DBH^{1.87657} \times H^{0.92888}$	广东省	广东省森林资源调查常用数表
硬阔类(荷木、樟树、枫香、格木、红锥、山杜英)	$V = 6.01228 \times 10^{-5} \times DBH^{1.87550} \times H^{0.98496}$	广东省	广东省森林资源调查常用数表

注：DBH—胸径(cm)；H—树高；V—材积(m^3)

各树种木材密度/生物量扩展因子/地下生物量与地上生物量比等相关参数，详见 B.6.4. 事前确定的不需要监测的数据和参数。

第三步：根据公式(11)和(12)(《方法学》公式(33)、(34))计算第 i 层样本平均数(平均单位面积林木生物质碳储量估计值)及其方差。

$$c_{TREE,i,t} = \frac{\sum_{p=1}^{n_i} c_{TREE,p,i,t}}{n_i} \tag{11}$$

$$S^2_{TREE,i,t} = \frac{\sum_{p=1}^{n_i} (c_{TREE,p,i,t} - c_{TREE,i,t})^2}{n_i * (n_i - 1)} \tag{12}$$

$c_{TREE,i,t}$ —第 t 年第 i 层项目碳层平均单位面积林木生物质碳储量的估计值，$tCO_2 e \cdot hm^{-2}$

$c_{TREE,p,i,t}$ —第 t 年第 i 项目碳层样地 p 的单位面积林木生物质碳储量，$tCO_2 e \cdot hm^{-2}$

n_i —第 i 项目碳层的样地数

$S^2_{c_{TREE,i,t}}$ —第 t 年第 i 项目碳层平均单位面积林木生物质碳储量估计值的方差，$(tCO_2 e \cdot hm^{-2})^2$

P —第 i 项目碳层中的样地

i —项目碳层

t —自项目活动开始以来的年数

第四步：利用公式(13)和(14)《方法学》中公式(35)、(36)，计算项目总体平均数(平均单位面积林木生物质碳储量估计值)及其方程。

① 广东省林业局，广东省林业调查规划院，广东省森林资源调查常用数表，2009 年 6 月

$$c_{TREE,t} = \sum_{i=1}^{M} (w_i * c_{TREE,i,t}) \tag{13}$$

$$S^2_{c_{TREE,t}} = \sum_{i=1}^{M} (w_i^2 * S^2_{c_{TREE,t}}) \tag{14}$$

式中：

$c_{TREE,t}$　　　—第 t 年项目边界内的平均单位面积林木生物质碳储量的估计值，$tCO_2 e \cdot hm^{-2}$

w_i　　　—第 i 项目碳层面积与项目总面积之比，$w_i = A_i/A$，无量纲

$c_{TREE,i,t}$　　　—第 t 年第 i 项目碳层的平均单位面积林木生物质碳储量的估计值，$tCO_2 e \cdot hm^{-2}$

n_i　　　—第 i 项目碳层的样地数

$S^2_{c_{TREE,t}}$　　　—第 t 年第 i 项目碳层平均单位面积林木生物质碳储量估计值的方差，$(tCO_2 e \cdot hm^{-2})^2$

M　　　—项目边界内估算林木生物质碳储量的分层总数

P　　　—第 i 项目碳层中的样地

i　　　—项目碳层

t　　　—自项目活动开始以来的年数

第五步：采用公式（15）（《方法学》中公式（37）），计算项目边界内单位面积林木生物质碳储量估计值的不确定性（相对误差限）。

$$u_{C_{TREE,t}} = \frac{t_{VAL} * S_{c_{TREE,t}}}{c_{TREE,t}} \tag{15}$$

$u_{C_{TREE,t}}$　　—第 t 年，项目边界内平均单位面积林木生物质碳储量的估计值的不确定性（相对误差限），% ；要求相对误差不大于 10% ，即抽样精度不低于90%

t_{VAL}　　—可靠性指标：自由度等于 n－M（其中 n 是项目边界内样地总数，M 是林木生物量估算的分层总数），置信水平为 90%，查 t 分布双侧分位数表获得。例如：置信水平为 90%，自由度为 45 时，双侧 t 分布的 t 值在 Excel 电子表中输入"＝TINV（0.10，45）"可以计算得到 t 值为 1.6794

$S_{c_{TREE,t}}$　　—第 t 年，项目边界内平均单位面积林木生物质碳储量的估计值的方差的平方根（即标准误），$tCO_2 e \cdot hm^{-2}$

第六步：采用公式（16）（《方法学》中公式（38）），计算第 t 年项目边界

内林木生物质总碳储量。

$$C_{TREE,t} = A * c_{TREE,t} \tag{16}$$

其中：

$C_{TREE,t}$ ——第 t 年项目边界内林木生物质碳储量的估计值，tCO_2e

A ——项目边界内碳层的面积总和，hm^2

$c_{TREE,t}$ ——第 t 年项目边界内平均单位面积林木生物质碳储量估计值，t CO_2e/hm^2

第七步：采用公式(17)(《方法学》中公式(39))，计算项目边界内林木生物质碳储量的年变化量。

$$dC_{TREE(t_1,t_2)} = \frac{C_{TREE,t_2} - C_{TREE,t_1}}{T} \tag{17}$$

其中：

$dC_{TREE(t_1,t_2)}$ ——第 t_1 年和第 t_2 年之间项目边界内林木生物质碳储量的年变化量，$tCO_2e \cdot a^{-1}$

$C_{TREE,t}$ ——第 t 年时项目边界内林木生物质碳储量估计值，tCO_2e

T ——两次连续测定的时间间隔（$T = t_2 - t_1$)，a

t_1, t_2 ——自项目活动开始以来的第 t_1 年和第 t_2 年

首次核证时，将项目活动开始时的林木生物质碳储量赋值给《方法学》中公式(39)中的 C_{TREE,t_1}，即 $C_{TREE,t_1} = C_{TREE\_BSL}$，此时 $t_1 = 0$，$t_2 = $ 首次核查的年份。

第八步：采用公式(18)(《方法学》中公式(40))，计算核查期内第 t 年时，项目边界内林木生物质碳储量的变化量。

$$\triangle C_{TREE,t} = dC_{TREE(t_1,t_2)} * 1 \tag{18}$$

$\triangle C_{TREE,t}$ ——第 t 年时项目边界内林木生物质碳储量估计值，$tCO_2e \cdot a^{-1}$

$dC_{TREE(t_1,t_2)}$ ——第 t_1 年和第 t_2 年之间项目边界内林木生物质碳储量的年变化量，$tCO_2e \cdot a^{-1}$

1 ——1 年，a

B.7.3.6　项目边界内温室气体排放量增加量的监测

详细记录项目边界内的每一次森林火灾（如果有）发生的时间、面积、地理边界等信息，并按公式(19)、(20)、(21)(《方法学》中公式(25)、公式(26)、公式(27))计算项目边界内因森林火灾燃烧地上林木生物量所引起

的温室气体排放($GHG_{E,t}$)。

对于项目事后估计，项目边界内温室气体排放的估算方法如下：

$$GHG_{E,t} = GHG_{FF\_TREE,t} + GHG_{FF\_DOM,t} \tag{19}$$

式中：

$GHG_{E,t}$ —第 t 年时，项目边界内温室气体排放的增加量，tCO_2 $e \cdot a^{-1}$

$GHG_{FF\_TREE,t}$ —第 t 年时，项目边界内由于森林火灾引起林木地上生物质燃烧造成的非 CO_2 温室气体排放的增加量，tCO_2 $e \cdot a^{-1}$

$GHG_{FF\_DOM,t}$ —第 t 年时，项目边界内由于森林火灾引起死有机物燃烧造成的非 CO_2 温室气体排放的增加量，$tCO_2 e \cdot a^{-1}$

t —1，2，3……项目开始以后的年数，年（a）

森林火灾引起林木地上生物质燃烧造成的非 CO_2 温室气体排放，使用最近一次项目核查时（t_L）的分层、各碳层林木地上生物量数据和燃烧因子进行计算。第一次核查时，无论自然或人为原因引起森林火灾造成林木燃烧，其非 CO_2 温室气体排放量都假定为 0。

$$GHG_{FF\_TREE,t} = 0.001 * \sum_{i=1} A_{BURN,i,t} * b_{TREE,i,t_L} * COMF_i$$
$$* (EF_{CH_4} * GWP_{CH_4} + EF_{N_2O} * GWP_{N_2O}) \tag{20}$$

式中：

$GHG_{FF\_TREE,t}$ —第 t 年时，项目边界内由于森林火灾引起林木地上生物质燃烧造成的非 CO_2 温室气体排放的增加量，tCO_2 $e \cdot a^{-1}$

$A_{BURN,i,t}$ —第 t 年时，项目第 i 层发生燃烧的土地面积，hm^2

b_{TREE,i,t_L} —火灾发生前，项目最近一次核查时（第 t_L 年）第 i 层的林木地上生物量。如果只是发生地表火，即林木地上生物量未被燃烧，则 $B_{TREE,i,t}$ 设定为 0，$t \cdot hm^{-2}$

$COMF_i$ —项目第 i 层的燃烧指数（针对每个植被类型），无量纲

EF_{CH_4} —CH_4 排放指数，$g\ CH_4 \cdot kg^{-1}$

EF_{N_2O} —N_2O 排放指数，$g\ N_2O \cdot kg^{-1}$

GWP_{CH_4} —CH_4 的全球增温潜势，用于将 CH_4 转换成 CO_2 当量，缺省值为 25

GWP_{N_2O} —— N_2O 的全球增温潜势，用于将 N_2O 转换成 CO_2 当量，缺省值为 298

i —— 1，2，3……项目第 i 碳层，根据第 t_L 年核查时的分层确定

t —— 1，2，3……项目开始以后的年数，年(a)

0.001 —— 将 kg 转换成 t 的常数

森林火灾引起死有机物质燃烧造成的非 CO_2 温室气体排放，应使用最近一次核查(t_L)的死有机质碳储量来计算。第一次核查时由于火灾导致死有机质燃烧引起的非 CO_2 温室气体排放量设定为 0，之后核查时的非 CO_2 温室气体排放量计算如下：

$$GHG_{FF\_DOM,t} = 0.07 * \sum^{i=1} \left[A_{BURN,i,t} * (C_{DW,i,t_L} + C_{LI,i,t_L}) \right] \qquad (21)$$

式中：

$GHG_{FF\_DOM,t}$ —— 第 t 年时，项目边界内由于森林火灾引起死有机物燃烧造成的非 CO_2 温室气体排放的增加量，$tCO_2e \cdot a^{-1}$

$A_{BURN,t}$ —— 第 t 年时，项目第 i 层发生燃烧的土地面积，hm^2

C_{DW,i,t_L} —— 火灾发生前，项目最近一次核查时(第 t_L 年)第 i 层的枯死木单位面积碳储量，$tCO_2e \cdot hm^{-2}$

C_{LI,i,t_L} —— 火灾发生前，项目最近一次核查时(第 t_L 年)第 i 层的枯落物单位面积碳储量，$CO_2e \cdot hm^{-2}$

i —— 1，2，3……项目第 i 碳层，根据第 t_L 年核查时的分层确定

t —— 1，2，3……项目开始以后的年数，年(a)

0.07 —— 非 CO_2 排放量占碳储量的比例，使用 IPCC 缺省值(0.07)

B.7.3.7　项目减排量

项目活动所产生的减排量，等于项目碳汇量减去基线碳汇量。计算下列公式(见《方法学》中公式(28))。

$$\triangle C_{AR,t} = \triangle C_{ACTURAL,t} - \triangle C_{BSL,t} \qquad (8)$$

式中：

$\triangle C_{AR,t}$ —— 第 t 年时的项目减排量，$tCO_2e \cdot a^{-1}$

$\triangle C_{ACTURAL,t}$ —— 第 t 年时的项目碳汇量，$tCO_2e \cdot a^{-1}$

$\triangle C_{BSL,t}$　　　　　—第 t 年时的基线碳汇量，$tCO_2e \cdot a^{-1}$

t　　　　　　—1，2，3，……项目开始以后的年数

B.7.3.8 精度控制与校正

根据《方法学》要求，林木平均生物量最大允许相对误差需不大于10%。如果抽样精度小于90%，项目业主或其他项目参与方可决定：

1）额外增加样地数量；

2）估算碳储量变化时，予以扣减。

扣减率按照表 B-13 进行。

表 B-13　扣减率

相对误差范围	扣减率（DR）
小于或等于10%	0%
大于10%但小于或等于20%	6%
大于20%但小于或等于30%	11%
大于30%	须额外增加样地数量，从而使测定结果达到精度要求

B.7.3.9 监测组织架构与职责

广东翠峰园林绿化有限公司针对广东长隆碳汇造林项目专门成立了温室气体自愿减排量监测工作组，并委托广东省林业调查规划院作为咨询机构，工作组由广东翠峰园林绿化有限公司总经理直接领导。工作组分监测记录小组和报告编写小组，各小组成员由公司人员和规划院人员共同组成。总经理在碳汇造林项目监测管理全过程中，负责宏观指导，对重大事宜进行决策。监测记录小组在项目所在县林业局配合下开展监测工作，负责数据监测、记录、资料保存。报告编写小组负责监测数据审核和项目减排量的计算，完成项目监测报告的编写。监测组织机构如图1所示：

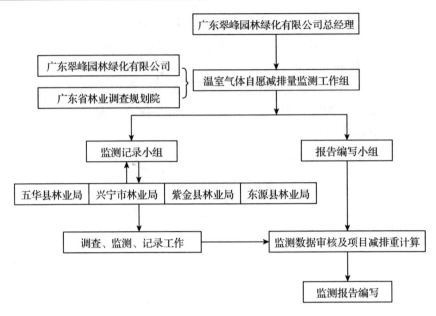

图1 监测组织架构

C 部分：项目运行期及计入期

C.1 项目运行期

C.1.1 项目活动的开始日期

〉〉2011 年 1 月 1 日(《广东长隆碳汇造林项目施工合同书》的签订日期)

C.1.2 预计的项目运行期

〉〉20 年。

C.2 项目计入期

C.2.1 计入期开始日期

〉〉2011 年 1 月 1 日。

C.2.2 计入期

〉〉本项目计入期为 20 年。

D 部分：环境影响

D.1　环境影响分析

〉〉造林项目能提高森林覆盖率，增加碳汇量，减缓气候变暖，同时将带来如下额外的环境效益：

(1)生物多样性与生态系统完整性

本项目选用乡土树种营造的森林将有助于生物多样性保护，森林面积的增加有助于加强受威胁物种的保护。20年不采伐林木的经营方式比较传统经营方式更多的保留了项目区内林木的种类和数量，对比传统营林措施，本项目将有助于保护当地生物多样性和生态系统完整性。

(2)土壤及水土保持

根据《方法学》适应性要求，本项目在经营活动过程中采用不炼山、不全垦的营林措施，对土壤产生的扰动面积未超过10%，除了小范围的清除杂草，不破坏原的灌木、散生林木等原生植被。故林地土壤及水土保持功能不会因本项目的实施而受到破坏，还会因为种植更多数量和种类的林木促进林下土壤养分循环及水土保持功能。

(3)火灾风险

通过培训增强当地群众及相关人员的防火意识，通过加强巡逻、监控，以及构建防火林带的方式降低火灾发生的几率。

D.2　环境影响评价

〉〉不适用。

E 部分：社会经济影响

E.1　社会经济影响分析

〉〉

(1)就业

拟议造林项目将创造600人的短期工作机会，这些工作机会来源于种植、除草、抚育等项目活动。该项目还将在计入期内创造 60 个长期工作机会。拟议造林项目需要的劳力大部分将来自当地或周边农户和社区。

（2）加强社会凝聚力

农户或社区个体难以成功操作碳汇造林项目的整个流程（投资 – 生产 – 销售），尤其当木材和非木材林产品的生产周期远远长于传统农产品的时候。这种组织结构上的欠缺也导致了他们克服上述所提到的技术障碍。拟议造林项目将在企业、个人、社区、当地林业部门之间形成紧密互动关系，强化他们，并形成社会和生产服务的网络。

（3）技术培训和示范

社区调查的结果显示社区农户往往在获得高质量的种源和培育高成活率的幼苗以及防治火灾、森林病虫害方面缺乏一定的技能。这也是当地社区农户营造林的一个重要的障碍。拟议碳汇造林项目中，当地林业部门将组织培训，帮助他们了解评估执行拟议造林项目活动中遇到的问题，比如说苗木选择，苗圃管理、整地、造林模式和病虫害综合治理等。

E.2 社会经济影响评价

》》

（1）文化资源

在项目区没有发现文化遗产或文化保护区，所以拟议造林项目活动中，不会产生难以逆转的对文化遗产的破坏。另外，项目不涉及任何当地社会集会或其它精神活动，因此不会影响正常的地方集会和宗教活动。

（2）经济风险

潜在的经济风险是项目所营造的林地管理不善，比如遭到了病虫害或火灾风险，引起项目失败或带来农户的经济损失。这些风险将会通过对农民和社区的技术援助和培训缓解。技术援助和培训由当地林业系统技术推广部门完成。也将给农民提供技术上的帮助。没有发现明显的潜在风险。尽管没有发现重大的社会经济负面影响，针对潜在风险的监测计划和减缓措施都将予以实施。

F 部分：利益相关方分析

F.1 收集当地利益相关方的评论

〉〉利益相关方评价意见的收集工作于 2010 年 11 月 8～10 日通过"问卷调查"方式进行。

本次问卷调查共发出 80 份，收回 80 份，回收率 100%。调查对象主要为五华县、兴宁市、紫金县、东源县林业局工作人员和拥有土地使用权的村民代表，其能够充分代表利益相关方的意见和建议。调查对象年龄范围为25～50 岁之间，林业局工作人员学历为专科及以上，村民的学历为高中及以下，人群结构的年龄、学历分布信息见下表：

表 F-1　相关方信息表

	人数	80
性别	男	64（80%）
	女	16（20%）
年龄	20～30 岁	8（10%）
	30～50 岁	56（70%）
	50 岁以上	16（20%）
教育程度	初中及以下	60（75%）
	高中	12（15%）
	专科及以上	8（10%）

F.2 当地利益相关方的评论概要

〉〉问卷调查结果表明：

1. 您是否了解植树造林可以减缓全球气候变暖？	是	90%
	否	10%
2. 您是否愿意参与拟议碳汇造林项目？	是	90%
	否	10%
3. 您是否希望从参加项目活动中获得经济收益？	是	95%
	否	5%

（续）

4. 您是否认为本次项目可以为当地带来经济收益，促进当地的可持续发展？	是	100%
	否	0%
5. 您希望如何参与碳汇造林项目？	参加有关宣传培训、造林、营林活动	
6. 您认为妇女是否可以参加拟议项目活动？	是	95%
	否	5%
7. 您对拟议碳汇造林项目的树种选择、造林技术有何建议？	尽量采用乡土树种，且混交造林方式；使用复合肥或有机肥提高林木生长速度；尽量不用化学农药，采用营林措施和其他生物方法防治病虫害	
8. 您认为拟议碳汇造林项目主要有哪些效益？	创造就业、经济效益、生态效益	
9. 您是否支持开展拟议碳汇造林项目？	是	100%
	否	0%

F.3　关于处理当地利益相关方评论的报告

〉〉所有的相关方都支持本碳汇造林项目活动的开展。根据通过参与式乡村评估调查获得相关意见，这些意见被充分采纳：需要进行更多的培训，以让当地农户全面了解碳汇交易的知识；在树种选择上充分尊重当地农户和社区的偏好；所有的树种应是乡土树种，并且采用混交造林方式；使用复合肥或有机肥；化学农药的使用将受到限制。采用混交林和其他生物学方法防治病虫害；不采用炼山整地和全垦整地。

G 部分：附件

附件1：申请备案的企业法人联系信息

企业名称：	广东翠峰园林绿化有限公司
地址：	广州市天河区广汕一路320号
邮编：	510520
电话：	020－87028356
传真：	020－87035780
电子邮箱：	gtcf870283562@ yeah. net
网站：	http：//www. gdfsbase. com/Html/Main. asp
法人代表姓名：	黄万和
职位：	经理
姓名：	黄万和
部门：	经理室
手机：	13826242227
传真：	020－87028360
电话：	020－87033392
电子邮箱：	LC87033392@ 163. com

第二章 审定报告

本章介绍全国首个林业温室气体自愿减排项目的审定报告。该项目委托国家发展和改革委员会备案的审定与核证机构 CEC 对项目进行独立审定。根据《温室气体自愿减排交易管理暂行办法》、《温室气体自愿减排项目审定与核证指南》的要求，CEC 于 2013 年 12 月 16 日在"中国自愿减排交易信息平台"公示了项目设计文件（第 01 版，2013 年 11 月 29 日），公示期 2013 年 12 月 16 日至 2013 年 12 月 30 日。公示期内没有收到利益相关方的意见。公示结束后，CEC 于 2014 年 1 月，前往广东项目所在地开展现场审查。于 2014 年 4 月 2 日完成审定报告（第 01 版），并向国家发展和改革委员会提交项目设计文件（第 02 版）和审定报告（第 01 版）。于 2014 年 6 月 27 日通过了国家发展和改革委员会组织的项目备案审核会答辩。答辩会后，于 2014 年 7 月 3 日，向国家主管部门提交最终版审定报告（第 02 版）和项目设计文件（第 03 版）及其他项目备案申报材料。于 2014 年 7 月 21 日，获得国家发展和改革委员会出具的项目备案函（见附件）。

本审定报告，根据国家发展和改革委员会发布的《温室气体自愿减排项目审与核证指南》的有关要求编写的最终版审定报告（第 02 版），其包括 6 个部分，即项目审定概述、项目审定程序和步骤、审定发现、审定结论、参考文献和附件。

报告编号：130914014

广东长隆碳汇造林项目

审定报告

审定机构： 中环联合(北京)认证中心有限公司

报告批准人： 宋 铁 栋

报告日期： 2014 年 07 月 02 日

审定 项目	名称：广东长隆碳汇造林项目
	地址/地理坐标：位于广东省梅州市五华县转水镇、华城镇；兴宁市径南镇、永和镇、叶塘镇；河源市紫金县附城镇、黄塘镇、柏埔镇；东源县义合镇的共59个小班。 五华县（东经115°18′~116°02′，北纬23°23′~24°12′）； 兴宁市（东经115°30′~116°00′，北纬23°51′~24°37′）； 紫金县（东经114°40′~115°30′，北纬23°10′~23°45′）； 东源县（东经114°38′~115°22′，北纬23°41′~24°13′）；
项目委托方	名称：广东翠峰园林绿化有限公司
	地址：广州市天河区广汕一路320号

适用的方法学：
AR-CM-001-V01《碳汇造林项目方法学》

提交审定的项目设计文件： 日期：2013年11月29日 版本号：01	最终版项目设计文件： 日期：2014年07月01日 版本号：03

审定结论：

　　中环联合（北京）认证中心有限公司依据《温室气体自愿减排交易管理暂行办法》《温室气体自愿减排项目审定与核证指南》和UNFCCC中对CDM项目的相关要求，对广东翠峰园林绿化有限公司的广东长隆碳汇造林项目进行审定。

　　拟议项目属于碳汇造林项目，项目位于广东省梅州市五华县转水镇、华城镇，兴宁市径南镇、永和镇、叶塘镇；河源市紫金县附城镇、黄塘镇、柏埔镇，东源县义合镇，该项目由广东翠峰园林绿化有限公司投资建设和运营。拟议项目建设规模为13,000亩，其中，梅州市五华县4,000亩（9个小班）、兴宁市4,000亩（14个小班）；河源市紫金县3,000亩（26个小班）、东源县2,000亩（10个小班），共包括59个小班。拟议项目通过造林活动吸收、固定二氧化碳，产生林业碳汇，实现温室气体的减排。

　　审定过程是对项目设计文件、项目资格条件、项目描述、方法学、项目边界、基准线识别、额外性、减排量计算、监测计划等内容进行独立、客观的第三方评审。审定过程包括：1. 文件审核；2. 现场访问；3. 提出和关闭不符合、澄清要求和进一步行动要求；4. 出具审定报告和审定意见。审定的所有过程，从合同评审到出具审定报告和审定意见，都严格遵循CEC内部程序执行。有关审定清单，详见附件1。不符合、澄清要求和进一步行动要求清单，详见附件2。项目参与方根据此清单进行整改并修订了项目设计文件。所有不符合和澄清要求均已关闭。

　　经CEC审定，项目设计文件（第03版，2014年07月01日）中的项目资格条件、项目描述、方法学、项目边界、基准线识别、额外性、减排量计算、监测计划等内容符合《温室气体自愿减排交易管理暂行办法》《温室气体自愿减排项目审定与核证指南》、方法学（AR-CM-001-V01）、以及UNFCCC中对CDM项目的相关要求；审定准则中所要求的内容已全部覆盖；项目预期减排量真实合理。

　　拟议项目申请CCER的20年固定计入期的减排量。拟议项目预计年减排量（净碳汇量）为17,365吨二氧化碳当量。项目计入期为2011年01月01日至2030年12月31日（含首尾两天，共计20年），计入期内的总减排量为347,292吨二氧化碳当量。

　　因此CEC推荐此项目备案为温室气体自愿减排项目。

报告完成人	周才华、刘清芝、崔晓冬、郭洪泽、邢江、郑小贤	技术评审人	张小丹、独威、薛靖华、张小全
报告发放范围	■国家发展和改革委员会 ■广东省发展和改革委员会 ■广东翠峰园林绿化有限公司		

术语简称

CDM	Clean Development Mechanism 清洁发展机制
CEC	China Environmental United Certification Center Co.，Ltd 中环联合(北京)认证中心有限公司
CCER	China Certified Emission Reductions 中国经核证的减排量
CO_2e	Carbon Dioxide Equivalent 二氧化碳当量
EB	Executive Board 执行理事会
EF	Emission Factor 排放因子
FSR	Project Feasibility Study Report 项目可行性研究报告
GHG	Green House Gas(es) 温室气体
GWP	Global Warming Potential 全球升温潜势
IPCC	Intergovernmental Panel on Climate Change 政府间气候变化委员会
NDRC	China National Development Reform Commission 国家发展和改革委员会
PDD	Project Design Document 项目设计文件

1 项目审定概述

中环联合(北京)认证中心有限公司(以下简称 CEC)受广东翠峰园林绿化有限公司委托，对位于广东省梅州市五华县转水镇、华城镇；兴宁市径南镇、永和镇、叶塘镇；河源市紫金县附城镇、黄塘镇、柏埔镇；东源县义合镇的温室气体自愿减排碳汇造林项目"广东长隆碳汇造林项目"(以下简称"拟议项目")进行审定。

项目审定完全按照《温室气体自愿减排交易管理暂行办法》(发改办气候[2012]1668 号，以下简称《办法》)、《温室气体自愿减排项目审定与核证指南》(发改办气候[2012]2862 号，以下简称《指南》)和所选方法学的相关要求进行，本报告概述了审定过程中的所有发现。

1.1 审定目的

审定目的是根据温室气体自愿减排项目备案的相关要求，对拟议项目进行客观独立、公正公平的评审；包括确认拟议项目是否满足《办法》、《指南》和所选方法学的相关要求，并评估项目设计文件中的声明和假设。审定活动作为温室气体自愿减排项目备案中重要的一部分，将对拟议项目是否符合备案的要求形成结论。

1.2 审定范围

审定范围是根据《办法》、《指南》和所选方法学的相关要求对项目设计文件、项目资格条件、项目描述、方法学、项目边界、基准线识别、额外性、减排量计算、监测计划等内容进行独立、客观的第三方评审。用于评审项目设计文件中声明和假设的相关证据文件的来源不仅限于项目参与方。

审定活动无意为项目参与方提供任何咨询建议，而是提出整改不符合、澄清要求、和进一步行动要求为项目设计文件的改进提供帮助。

1.3 审定准则

CEC 在整个审定过程中，按照《指南》的要求，遵循"客观独立、公正公平、诚实守信、认真专业"的基本原则，并执行和参考以下准则：

- 《温室气体自愿减排交易管理暂行办法》

- 《温室气体自愿减排项目审定与核证指南》
- 《碳汇造林项目方法学》（AR-CM-001-V01）
- 其他适用的法律法规

2 项目审定程序和步骤

按照《指南》的要求，CEC 审定程序的主要步骤包括：合同签订、审定准备、项目设计文件公示、文件评审、现场访问、审定报告的编写及内部评审、审定报告的交付等七个步骤。审定过程按照《指南》中的标准审定方法进行，同时参考了类似项目或技术公开获得的信息。

按照《指南》的要求，审核组在审定过程中发现以下问题时，应提出不符合：

（1）存在影响减排项目活动实现真实的、可测量的、额外的减排能力的错误；

（2）不满足审定备案的要求；

（3）存在减排量不能被监测或计算的风险。

如果信息不充分，或者不清晰以至于不能够确定减排项目是否符合要求时，审核组应提出澄清要求。对于与项目实施有关的、需要在第一个核证周期内评审的突出问题，审核组应在审定过程中提出进一步行动要求。"不符合、澄清要求及进一步行动要求清单"（详见附件 1），表格的具体形式如下表 1 所示：

表 1 不符合、澄清要求及进一步行动要求清单

不符合、澄清要求及进一步行动要求	项目业主原因分析及回复	审定结论
详细描述对具体条款的符合性，并提出不符合、澄清及进一步行动的要求。	总结描述项目参与方在与审核组的交流过程中对不符合、澄清要求的原因分析，回复，以及所采取的澄清、纠正和纠正措施。	总结描述审核组的审核意见和最终结论。

2.1 审核组安排

根据《指南》和 VVS 的相关要求，结合审定员的自身能力和项目对技术领域的要求，CEC 指派了拟议项目的审核组和技术评审，组成如下：

表2 审核组和技术评审

审核组	职务	资质	专业领域	参加现场访问
周才华	组长	审定员	—	√
刘清芝	组员	审定员	—	√
崔晓冬	组员	审定员	—	√
郭洪泽	组员	审定员	—	√
邢 江	组员	审定员	—	√
郑小贤	组员	专 家	√	√

技术评审	职务	技术领域	参加现场访问	
张小丹	审定员	—	—	
张小全	审定员	√	—	
独 威	审定员	—	—	
薛靖华	审定员	—	—	

2.2 文件评审

项目业主广东翠峰园林绿化有限公司提供了"广东长隆碳汇造林项目"的项目设计文件、造林作业文件等相关材料。

CEC 于 2013 年 12 月 16 日在"中国自愿减排交易信息平台"公示了拟议项目的项目设计文件(第 01 版,2013 年 11 月 29 日),公示期为 2013 年 12 月 16 日 ~2013 年 12 月 30 日。

审核组于 2013 年 12 月 26 日完成了对拟议项目的文件评审,包括:对项目设计文件以及其他相关支持性材料的评审(文件清单详见报告第五部分),将项目设计文件中提供的数据和信息与其它可获得的信息来源进行交叉核对。

2.3 现场访问

现场访问的目的是通过现场观察项目的建设环境、林木种植,调阅文件记录以及与当地利益相关方会谈,进一步判断和确认项目的设计是否符合审定准则的要求并能够产生真实的、可测量的、额外的减排量。

根据审定与核证指南的要求,审核组进行了现场访问。审核组对访谈人员提供的信息进行交叉核对以确保信息的准确性和完整性。受访谈的项目委托方代表、咨询方和当地利益相关方的代表,以及访谈的主要内容总结如表3 中所示。

表3　受访对象及访谈话题

日期：2013 年 12 月 27 日～2013 年 12 月 29 日

主要内容	人员	组织/职位
• 项目前期批准及筹资情况 • 造林作业设计文件及批复情况 • 监测计划 • 项目实施情况	黄万和 陈志生 郭惠彬	广东翠峰园林绿化有限公司/总经理 广东翠峰园林绿化有限公司 广东翠峰园林绿化有限公司/技术人员
• 所选方法学的适用性 • 基准线情景 • 项目边界的确认 • 额外性	刘飞鹏 罗勇 张红爱 李金良	广东省林业调查规划院生态监测中心/主任广东省 林业调查规划院/高级工程师 广东省林业调查规划院/高级工程师 中国绿色碳汇基金会/教授级高工
• 利益相关方意见	曹仁福	广东省林业厅
主要内容	人员	组织/职位
• 利益相关方意见	曹先禹 赖召文 孙志宏 余浩 钟小辉	兴宁市林业局 兴宁市径南镇锦洞村 兴宁市永和镇官亭村 兴宁市叶塘镇上径村 兴宁市叶塘镇上径村
• 利益相关方意见	林锦厦 严兰芳 许达宏 张育泉 张伟彬 李维洲 李佛友 张广发	五华县林业局/副局长 五华县林业局/副局长 五华县林业局/股长 五华县华林造林服务有限公司 五华县转水镇禽维村 五华县转水镇长源村 五华县华城镇兴中村 五华县华城镇兴中村
• 利益相关方意见	何卫栋 陈卫 吕远辉 苏贵良 李珊 李贵辉 李有章	东源市林业局/局长 东源市林业局/副局长 东源市林业局/股长 东源市义合镇义合村 东源市义合镇义合村 东源市义合镇义合村 东源市义合镇义合村
• 利益相关方意见	杜荫辉 陈晖浓 罗国扬 黄伟雄 温汉辉 张胜增 陈降南 陈海文	紫金县林业局/副局长 紫金县林业局/副主任 紫金县林业局/副股长 紫金县紫城镇中铺村 紫金县紫城镇林田村 紫金县黄塘镇盘口村 紫金县柏埔镇永丰村 紫金县柏埔福田村

2.4 审定报告的编写

基于文件评审，审核组出具了审定报告草稿，开具了"不符合、澄清要求及进一步行动要求清单"，并发给项目委托方。项目委托方采取澄清、纠正或纠正措施，并提供了相应的证据文件，所有不符合项关闭后，审核组完成了最终版审定报告的编写。

2.5 审定报告的质量控制

根据《指南》的要求，在所有不符合项关闭后的 10 个工作日内将审定报告提交给项目委托方确认。提交项目委托方确认之前，审定报告按照 CEC 内部质量控制程序进行了技术评审。独立于审核组的技术评审组对审定报告进行评审。技术评审完成后，审定报告交给质量保障管理部门进行完整性检查，最终由 CEC 最高管理者（董事长）批准。经批准的报告由审核组提交给项目委托方进行确认。

3 审定发现

3.1 项目资格条件

3.1.1 项目开工日期及开始日期

通过文件审核及现场访问，审核组确认拟议项目的开始日期为 2011 年 1 月 1 日（即《广东长隆碳汇造林项目施工合同书》的签订日期），符合《方法学》（AR-CM-001-V01）中项目活动的开始时间在 2005 年 02 月 16 日之后的项目资格条件。通过文件审核及现场访问，审核组确认拟议项目的开工建设日期为 2011 年 01 月 04 日（即"广东长隆碳汇造林项目"五华县造林开工时间，该时间为四个县市中最早的开工时间），符合《指南》中自愿减排项目须开工建设在 2005 年 2 月 16 日之后的项目资格条件。

通过文件审核及现场访问，审核组确认拟议项目的开始日期和开工建设日期如下表所示：

表4 拟议项目开始日期及开工建设日期汇总表

编号	日期	事件描述
1	2011年1月1日	广东翠峰园林绿化有限公司、东源县林业局和东源县义合镇南浩苗圃场三方签署《广东长隆碳汇造林项目施工合同书》。
2	2011年1月1日	广东翠峰园林绿化有限公司、五华县林业局和五华县华林造林服务有限公司三方签署《广东长隆碳汇造林项目施工合同书》。
3	2011年1月1日	广东翠峰园林绿化有限公司、兴宁林业局和兴宁市绿胜园林绿化有限公司三方签署《广东长隆碳汇造林项目施工合同书》。
4	2011年1月1日	广东翠峰园林绿化有限公司、紫金县林业局和紫金县绿林营林服务有限公司三方签署《广东长隆碳汇造林项目施工合同书》。
5	2011年1月4日	五华县林业局出具五华县"广东长隆碳汇造林项目"的《开工证明》，明确五华县造林开工建设日期为2011年1月4日。
6	2011年1月5日	兴宁市林业局出具兴宁市"广东长隆碳汇造林项目"的《开工证明》，明确兴宁市造林开工建设日期为2011年1月5日。
7	2011年1月8日	东源县林业局出具东源县"广东长隆碳汇造林项目"的《开工证明》，明确东源县造林开工建设日期为2011年1月8日。
8	2011年1月7日	紫金县林业局出具紫金县"广东长隆碳汇造林项目"的《开工证明》，明确紫金县造林开工建设日期为2011年1月7日。

根据项目开发方、市/县林业局和拟议项目所在村委会签订的三方《碳汇造林协议》，拟议项目的运行期为20年。基于本地以及行业经验，审核组确定拟议项目的运行期的设定是适宜的。另外，拟议项目选择了固定计入期20年，符合《方法学》(AR-CM-001-V01)中关于计入期的要求（即计入期最短为20年，最长不超过60年）。根据《方法学》中关于计入期起止时间的要求（即"计入期的起止时间应与项目期相同，项目期是指自项目活动开始到项目活动结束的间隔时间"），拟议项目的计入期起止时间为：2011年1月1日—2030年12月31日。

拟议项目的开始时间早于向广东省发展和改革委员会提交备案的时间，经审核组确认，《广东长隆碳汇造林项目作业设计文件》（编制日期：2010年10月）中明确了拟议项目最初的主要目的是为了响应广东省政府加快碳汇造林的号召，旨在保护区域生物多样性、改善当地生存环境和自然景观、提高碳汇能力和增加群众收入等多效益，同时将根据国家的有关政策积极参与温室气体自愿减排。《广东长隆碳汇造林项目作业设计文件》编制单位"广东省林业调查规划院"为国家林业局授予的甲A级资质等级。广东省林业厅于2010年11月05日下发《关于广东长隆碳汇造林项目作业设计的批复》，同意拟议项目的作业设计。因此，审核组确认《广东长隆碳汇造林项目作业设计文件》和《关于广东长隆碳汇造林项目作业设计的批复》是证明拟议项目最初的主要目的是为了实现温室气体减排的官方和具有法律效力的证据，符合

《方法学》(AR-CM-001-V01)中关于拟议项目开始日期和计入期的要求。

在项目设计文件(第01版)中,项目参与方没有澄清项目的开始日期和开工日期,因此审核组开具了澄清要求1。项目参与方随后在项目设计文件(第03版)中重新确认了项目的开始日期和开工日期,并提供了以上日期的相关证据。审核组检查了项目委托方提供的项目造林施工合同和由县/市林业局出具的《开工证明》,确认项目开始日期和开工建设日期均是正确的。因此,澄清要求1关闭。

3.1.2 其他国际国内减排机制注册情况

审核组查阅了项目委托方关于拟议项目未在其他国际国内减排机制注册情况的《声明》(2012年11月3日),声明"拟议项目除申请成为国内自愿减排项目外,没有在其他国际或国内减排机制进行重复申请"。此外,审核组通过查阅 UNFCCC、GS、VCS 等网站,确认"广东长隆碳汇造林项目"未在其他国际国内减排机制注册。

此外,在本报告3.4章中,审核组确认拟议项目采用的是国家发展改革委备案的方法学(AR-CM-001-V01《碳汇造林项目方法学》)。

综上所述,根据《指南》和《办法》中自愿减排项目资格条件的要求,审核组确认拟议项目满足自愿减排项目备案的项目资格条件。

3.2 项目设计文件

澄清要求2:项目设计文件的编写应根据国家发展和改革委员会发布的最新模板和符合相关填写指南的要求,审核组发现项目设计文件(第01版,2013年11月29日)中未包括 A.8 部分内容,因此审核组开具了澄清要求2。项目委托方在项目设计文件(第03版,2014年07月01日)中添加了 A.8 部分的描述。审核组检查了修订后的项目设计文件(第03版,2014年07月01日),确认所添加的 A.8 部分内容符合相关要求。因此,澄清要求2关闭。

审核组确认所提交的项目设计文件(第03版,2014年07月01日)符合国家发展和改革委员会发布的最新模板和相关填写指南的要求,格式正确且内容完整。

3.3 项目描述

拟议项目位于广东省梅州市五华县转水镇、华城镇,兴宁市径南镇、永和镇、叶塘镇;河源市紫金县附城镇、黄塘镇、柏埔镇,东源县义合镇,是一个碳汇造林项目,由广东翠峰园林绿化有限公司协调投资建设和运营。拟议项目建设规模为 13,000 亩,共包括 59 个小班,其中,梅州市五华县 4,000 亩 14 个小班、兴宁市 4,000 亩 9 个小班；河源市紫金县 3,000 亩 26 个小班、东源县 2,000 亩 10 个小班。经文件审核和现场访问,审核组确认造林项目建设用地分布如下表所示：

表 5　拟议项目信息表

县/市名称	开工时间	竣工时间	县/市下属镇	造林面积(亩)	小班数量(个)
五华县	2011 年 1 月 4 日	2011 年 6 月	转水镇	1,936	6
			华城镇	2,064	8
兴宁市	2011 年 1 月 5 日	2011 年 6 月	径南镇	2,141	4
			永和镇	838	3
			叶塘镇	1,021	2
紫金县	2011 年 1 月 7 日	2011 年 6 月	附城镇	685.5	7
			黄塘镇	1,963.5	15
			柏埔镇	351	4
东源县	2011 年 1 月 8 日	2011 年 6 月	义合镇	2,000	10

经文件审核和现场访问,审核组确认拟议项目的地址坐标范围如下表所示：经过审核组检查项目交叉核对作业设计文件,确认该坐标信息与作业设计中的数据一致。经过现场勘察,通过使用 GPS 定位设备确认上述数据是真实可信的。

拟议项目严格遵守国家相关造林规程和技术标准。结合造林地的立地条件以及各县近年来的造林经验,每亩按 74 株进行植苗,经文件审核和现场访问,审核组确认具体树种选择及配置方式如下：

五华县主要选用樟树、荷木、枫香、山杜英、相思、火力楠 6 个树种进行随机混交种植。按模式 1(每亩：樟树 18 株；荷木 20 株；枫香 18 株；山杜英 18 株)和模式 2(每亩：樟树 18 株；荷木 20 株；相思 18 株；火力楠 18 株)共两种造林模式进行造林。

兴宁市主要选用荷木、黎蒴、樟树、枫香 4 种树种进行随机混交种植。按模式 1(每亩：荷木 26 株；黎蒴 12 株；樟树 17 株；枫香 19 株)和模式 2(每亩：荷木 31 株；黎蒴 18 株；樟树 25 株)共两种造林模式进行造林。

紫金县主要选用樟树、荷木、枫香、红锥、格木、火力楠 6 个树种进行随机混交种植。按模式 1(每亩：枫香 16 株；荷木 20 株；格木 20 株；红锥 18 株；)、模式 2(每亩：枫香 20 株；荷木 32 株；火力楠 6 株；樟树 16 株)和模式 3(每亩：枫香 26 株；荷木 23 株；格木 25 株)共三种造林模式进行造林。

表6 拟议项目坐标信息表

县市	乡镇	小班号	地图识别号	东		南		西		北	
				经度	纬度	经度	纬度	经度	纬度	经度	纬度
五华县	转水镇	1	F-50-136-59	115°39′14.98″	24°0′50.92″	115°39′12.903″	24°0′43.765″	115°39′12.782″	24°0′50.901″	115°39′13.629″	24°0′54.949″
		2	F-50-136-59	115°39′28.41″	24°0′9.265″	115°39′12.251″	24°0′10.929″	115°39′9.44″	24°0′24.782″	115°39′13.77″	24°0′39.454″
		3	F-50-136-59	115°39′25.236″	23°59′53.363″	115°39′19.195″	23°59′44.772″	115°39′4.474″	24°0′1.744″	115°39′7.672″	24°0′7.391″
		4	F-50-4-3	115°39′9.521″	23°59′52.922″	115°39′11.244″	23°59′44.317″	115°38′52.309″	23°59′56.201″	115°38′52.309″	23°59′56.201″
		5	F-50-4-3	115°39′8.239″	23°59′42.732″	115°38′58.773″	23°59′31.506″	115°38′56.275″	23°59′41.269″	115°38′49.177″	23°59′54.207″
		6	F-50-136-59	115°39′36.599″	23°59′44.322″	115°39′26.707″	23°59′30.823″	115°39′21.896″	23°59′39.86″	115°39′30.399″	23°59′50.184″
	华城镇	1	F-50-136-59	115°39′4.976″	24°0′55.391″	115°39′2.873″	24°0′52.458″	115°39′.500″	24°0′54.346″	115°39′.553″	24°0′57.312″
		2	F-50-136-59	115°39′12.205″	24°0′49.577″	115°39′11.375″	24°0′43.852″	115°39′9.009″	24°0′50.839″	115°39′11.634″	24°0′54.946″
		3	F-50-136-59	115°38′57.998″	24°0′42.399″	115°38′45.667″	24°0′32.867″	115°38′45.782″	24°0′43.392″	115°38′52.791″	24°0′46.274″
		4	F-50-136-59	115°39′8.783″	24°0′28.552″	115°39′4.709″	24°0′20.674″	115°39′2.756″	24°0′30.253″	115°39′4.834″	24°0′41.053″
		5	F-50-136-59	115°38′46.773″	24°0′5.555″	115°38′36.712″	23°59′57.539″	115°38′34.895″	24°0′6.533″	115°38′40.321″	24°0′17.518″
		6	F-50-136-59	115°39′5.432″	24°0′9.553″	115°38′52.064″	23°59′59.014″	115°38′50.123″	24°0′12.823″	115°38′56.17″	24°0′25.268″
		7	F-50-4-3	115°38′49.363″	23°59′56.821″	115°38′45.455″	23°59′54.68″	115°38′41.087″	23°59′56.189″	115°38′47.153″	23°59′57.877″
		8	F-50-4-3	115°38′34.118″	23°59′47.779″	115°38′29.639″	23°59′25.136″	115°38′26.249″	23°59′48.487″	115°38′31.016″	23°59′54.462″
兴宁市	径南镇	1	G-50-136-23	115°54′15.028″	24°12′31.77″	115°54′4.384″	24°12′26.706″	115°53′53.508″	24°12′26.799″	115°54′4.725″	24°12′30.664″
		2	G-50-136-31	115°54′10.534″	24°12′9.123″	115°54′4.985″	24°12′.313″	115°53′47.19″	24°12′9.299″	115°53′47.19″	24°12′9.299″
		3	G-50-136-31	115°54′34.08″	24°12′9.55″	115°54′21.893″	24°11′58.543″	115°54′16.147″	24°12′12.775″	115°54′17.72″	24°12′26.2″
		4	G-50-136-31	115°54′20.383″	24°11′12.443″	115°54′14.657″	24°11′2.471″	115°53′49.694″	24°11′19.638″	115°54′6.949″	24°11′26.91″

（续）

县市	乡镇	小班号	地图识别号	东经度	东纬度	南经度	南纬度	西经度	西纬度	北经度	北纬度
兴宁市	永和镇	1	G-50-136-38	115°49'58.446"	24°9'12.063"	115°49'49.372"	24°9'5.157"	115°49'47.079"	24°9'10.041"	115°49'54.605"	24°9'17.063"
		2	G-50-136-38	115°50'11.707"	24°8'48.94"	115°50'4.612"	24°8'48.146"	115°49'49.193"	24°8'53.737"	115°49'55.592"	24°8'59.014"
		3	G-50-136-38	115°50'7.589"	24°8'32.389"	115°49'59.813"	24°8'21.925"	115°49'52.219"	24°8'32.787"	115°49'57.999"	24°8'46.331"
	叶塘镇	1	G-50-136-26	115°36'39.254"	24°11'35.117"	115°36'39.374"	24°11'24.049"	115°36'26.577"	24°11'37.259"	115°36'28.758"	24°11'52.218"
		2	G-50-136-27	115°37'2.674"	24°10'52.878"	115°36'52.899"	24°10'57.626"	115°36'34.896"	24°11'4.77"	115°36'45.317"	24°11'16.15"
紫金县	附城镇	1	F-50-2-10	115°6'37.289"	23°37'22.813"	115°6'35.526"	23°37'17.322"	115°6'30.845"	23°37'20.039"	115°6'32.993"	23°37'26.834"
		2	F-50-2-10	115°6'55.07"	23°37'28.978"	115°6'50.017"	23°37'23.098"	115°6'47.434"	23°37'26.557"	115°6'49.246"	23°37'28.951"
		3	F-50-15-2	115°5'4.001"	23°37'36.719"	115°5'1.6"	23°37'34.156"	115°4'56.994"	23°37'35.891"	115°4'58.441"	23°37'38.202"
		4	F-50-15-2	115°5'47.145"	23°38'3.589"	115°5'45.622"	23°38'.091"	115°5'44.905"	23°38'3.674"	115°5'46.485"	23°38'5.107"
		5	F-50-15-2	115°5'48.284"	23°37'46.423"	115°5'41.081"	23°37'42.14"	115°5'32.028"	23°37'49.014"	115°5'41.763"	23°37'52.316"
		6	F-50-15-2	115°4'43.951"	23°38'47.436"	115°4'36.931"	23°38'40.736"	115°4'27.801"	23°38'47.29"	115°4'39.244"	23°38'54.004"
		7	F-50-15-2	115°4'40.153"	23°38'35.211"	115°4'37.6"	23°38'33.508"	115°4'36.604"	23°38'35.063"	115°4'38.316"	23°38'38.869"
	黄塘镇	1	F-50-15-1	115°3'55.827"	23°39'16.705"	115°3'49.159"	23°39'15.276"	115°3'46.473"	23°39'15.552"	115°3'53.882"	23°39'17.462"
		2	F-50-15-1	115°4'10.98"	23°39'14.489"	115°4'8.348"	23°39'14.559"	115°4'5.446"	23°39'15.817"	115°4'6.964"	23°39'16.477"
		3	F-50-15-2	115°4'9.838"	23°39'11.762"	115°4'8.543"	23°39'10.997"	115°4'6.065"	23°39'10.189"	115°4'8.133"	23°39'11.981"
		4	F-50-2-63	114°56'9.438"	23°42'36.861"	114°55'32.498"	23°42'17.494"	114°55'41.157"	23°42'33.609"	114°56'1.118"	23°42'43.163"
		5	F-50-15-1	115°2'34.245"	23°39'42.209"	115°2'12.045"	23°39'23.87"	115°2'24.176"	23°39'32.307"	115°2'25.439"	23°39'50.223"
		6	F-50-15-1	115°2'54.137"	23°39'32.017"	115°2'41.328"	23°39'23.719"	115°2'35.257"	23°39'34.982"	115°2'44.869"	23°39'46.397"
		7	F-50-15-1	115°3'5.754"	23°39'30.313"	115°3'3.974"	23°39'29.465"	115°3'.811"	23°39'30.863"	115°3'2.539"	23°39'32.141"
		8	F-50-15-1	115°3'24.491"	23°39'23.371"	115°3'14.669"	23°39'15.139"	115°3'7.448"	23°39'22.627"	115°3'9.862"	23°39'32.628"
		9	F-50-15-1	115°3'43.598"	23°39'41.341"	115°3'38.797"	23°39'36.301"	115°3'38.994"	23°39'37.589"	115°3'43.6"	23°39'41.513"

（续）

县市	乡镇	小班号	地图识别号	东经度	东纬度	南经度	南纬度	西经度	西纬度	北经度	北纬度
紫金县	黄埔镇	10	F-50-2-57	115°1′19.218″	23°41′2.641″	115°0′52.243″	23°40′51.811″	115°0′58.118″	23°41′2.951″	115°1′2.654″	23°41′9.973″
		11	F-50-2-57	115°2′11.85″	23°41′5.46″	115°1′56.595″	23°41′2.228″	115°1′56.916″	23°41′7.385″	115°1′59.827″	23°41′9.429″
		12	F-50-2-57	115°1′4.722″	23°40′27.599″	115°1′5.348″	23°40′18.05″	115°1′2.224″	23°40′30.583″	115°1′13.795″	23°40′34.442″
		13	F-50-2-63	114°57′9.118″	23°41′14.462″	114°57′4.42″	23°41′10.406″	114°56′56.391″	23°41′13.895″	114°57′2.25″	23°41′16.976″
		14	F-50-2-63	114°56′48.791″	23°41′32.282″	114°56′48.588″	23°41′24.785″	114°56′40.957″	23°41′33.637″	114°56′45.222″	23°41′34.574″
		15	F-50-2-64	114°55′58.349″	23°42′6.866″	114°55′54.193″	23°42′5.601″	114°55′50.685″	23°42′8.615″	114°55′51.993″	23°42′11.341″
	柏埔镇	1	F-50-2-55	114°53′34.935″	23°42′41.891″	114°53′31.457″	23°42′38.643″	114°53′20.279″	23°42′42.835″	114°53′26.641″	23°42′44.519″
		2	F-50-2-55	114°53′59.625″	23°42′42.27″	114°53′57.824″	23°42′38.41″	114°53′55.713″	23°42′43.84″	114°53′55.828″	23°42′46.935″
		3	F-50-2-55	114°54′18.544″	23°42′49.985″	114°54′11.702″	23°42′46.585″	114°54′4.973″	23°42′45.85″	114°54′9.946″	23°42′49.175″
		4	F-50-2-54	114°50′48.237″	23°43′5.357″	114°50′48.428″	23°43′.145″	114°50′43.417″	23°43′5.177″	114°50′45.914″	23°43′10.014″
东源县	义合镇	1	F-50-2-31	114°55′00.63″	23°52′13.90″	114°54′57.06″	23°52′10.25″	114°54′40.58″	23°52′12.41″	114°54′51.33″	23°52′19.55″
		2	F-50-2-31	114°54′49.27″	23°52′08.95″	114°54′35.64″	23°51′57.25″	114°54′29.35″	23°52′01.46″	114°54′45.56″	23°52′15.30″
		3	F-50-2-31	114°55′04.06″	23°52′08.82″	114°55′08.06″	23°51′59.55″	114°54′47.19″	23°52′12.88″	114°55′51.33″	23°52′15.40″
		4	F-50-2-31	114°55′13.16″	23°51′58.23″	114°55′08.02″	23°51′49.53″	114°55′03.23″	23°52′03.01″	114°55′08.14″	23°52′08.16″
		5	F-50-2-31	114°54′53.30″	23°52′0050″	114°54′48.49″	23°51′51.25″	114°54′43.50″	23°52′02.55″	114°54′49.34″	23°52′05.42″
		6	F-50-2-31	114°55′03.13″	23°51′49.82″	114°54′49.63″	23°51′42.69″	114°54′44.26″	23°51′42.53″	114°54′52.68″	23°51′51.43″
		7	F-50-2-31	114°55′15.01″	23°51′38.54″	114°55′06.59″	23°51′38.17″	114°54′58.43″	23°51′36.82″	114°55′15.19″	23°51′41.12″
		8	F-50-2-31	114°54′51.95″	23°51′36.63″	114°54′51.05″	23°51′34.82″	114°54′48.35″	23°51′36.12″	114°54′49.77″	23°51′37.78″
		9	F-50-2-31	114°54′47.55″	23°51′51.63″	114°54′04.40″	23°51′43.86″	114°54′34.15″	23°51′51.79″	114°54′40.83″	23°51′55.40″
		10	F-50-2-31	114°54′54.06″	23°51′41.05″	114°54′49.84″	23°51′38.71″	114°54′46.90″	23°51′39.44″	114°54′50.31″	23°51′41.89″

东源县主要选用荷木、枫香、樟树、红锥、山杜英、火力楠 6 个树种进行随机混交种植。按模式 1(每亩：荷木 22 株；枫香 22 株；樟树 15 株；红锥 15 株)和模式 2(每亩：山杜英 40 株；荷木 14 株；樟树 10 株；火力楠 10 株)共两种造林模式进行造林。

经审核项目造林设计文件、苗木和现场访问，审核组确认所栽种的苗木选用两年生以上顶芽饱满、无病虫害的一级营养袋壮苗，苗高为 60 cm 以上。苗木具备生产经营许可证和质量检验合格证，未使用无证、来源不清、带病虫害的不合格苗上山造林。

根据所采用的方法学，造林项目所涉及的碳库包括：地上生物量、地下生物量、枯落物、枯死木、土壤有机质和木产品，从长远来看，造林都会增加这六个碳库的碳储量，实现增汇减排。预计拟议项目 20 年计入期结束时共增汇减排 347，292tCO$_2$e，年均增汇减排量约为 17，365 t CO$_2$e/年。

通过以上检查内容，审核组确认项目描述是完整的和准确的。

在项目设计文件(第 01 版)中，项目参与方未能明确说明项目所有 59 个小班的地理坐标范围，因此审核组开具了澄清要求 3。在项目设计文件(第 03 版)中，项目委托方补充了全部 59 个小班的地理坐标范围。审核组检查了项目作业设计文件和项目设计文件(第 03 版)，确认该坐标信息与作业设计中的数据一致。经过现场勘察，通过使用 GPS 定位设备确认该数据是真实可信的。因此，澄清要求 3 关闭。

3.4 方法学选择

拟议项目采用的方法学为《碳汇造林项目方法学》(AR-CM-001-V01)，该方法学属于在国家发展和改革委员会备案的方法学。

经审核组确认，拟议项目满足本方法学的适用条件，具体分析如下：

No.	方法学适用条件	审定证据	审定意见
1	项目活动的土地是 2005 年 2 月 16 日以来的无林地。造林地权属清晰，具有县级以上人民政府核发的土地权属证书；	(1)根据《作业设计》中各造林点基线调查表的调查结果，当前造林项目地块严重退化，而且仍在继续退化或稳定在一个"低碳"状态。大部分土地当前为草本植物、灌木和零星分布的乔木覆盖。树冠覆盖度低于森林标准。另外，在没有拟议的造林项目的情况下，项目地也无法达到森林的标准。由于天然种源匮乏，无法实现天然更新，不能达到森林标准。 (2)根据县/市林业局出具的《碳汇造林项目土地合格性证明》，确认项目活动的土地是 2005 年 2 月 16 日以来的无林地。	满足条件

No.	方法学适用条件	审定证据	审定意见
1	项目活动的土地是2005年2月16日以来的无林地。造林地权属清晰，具有县级以上人民政府核发的土地权属证书；	——五华县林业局于2010年6月13日出具的《碳汇造林项目土地合格性证明》； ——紫金县林业局于2010年6月5日出具的《碳汇造林项目土地合格性证明》； ——东源县林业局于2010年6月12日出具的《碳汇造林项目土地合格性证明》； ——兴宁林业局于2010年6月12日出具的《碳汇造林项目土地合格性证明》。 (3)根据县/市林业局出具的"广东长隆碳汇造林项目"的《开工证明》，确认拟议项目的开工建设日期为2011年1月，属于2005年2月16日之后开工建设的项目。 ——五华县林业局出具五华县"广东长隆碳汇造林项目"的《开工证明》，明确五华县造林开工建设日期为2011年1月4日； ——兴宁市林业局出具兴宁市"广东长隆碳汇造林项目"的《开工证明》，明确兴宁市造林开工建设日期为2011年1月5日； ——东源县林业局出具东源县"广东长隆碳汇造林项目"的《开工证明》，明确东源县造林开工建设日期为2011年1月8日； ——紫金县林业局出具紫金县"广东长隆碳汇造林项目"的《开工证明》，明确紫金县造林开工建设日期为2011年1月7日。 (4)根据各县/市人民政府出具的《碳汇造林项目林地权属证明》和现场核查造林地林权证，确认拟议项目造林地权属清晰，具有县级以上人民政府核发的土地权属证书。	满足条件
2	项目活动的土地不属于湿地和有机土的范畴；	根据《作业设计》的描述和现场勘查确认，项目活动的土壤类型为赤红壤或红壤，不属于湿地和有机土的范畴。	满足条件
3	项目活动不违反任何国家有关法律、法规和政策措施，且符合国家造林技术规程；	(1)拟议项目《作业设计》严格遵循《造林技术规程》（GB/T15776-2006）、《造林作业设计规程》（LY/T1607-2003）和《生态公益林建设技术规程》（GB/T18337.3）等规程和标准； (2)2010年11月5日，广东省林业厅下发《关于广东长隆碳汇造林项目作业设计的批复》； (3)2012年6月，广东省林业调查规划院完成"广东长隆碳汇造林项目"验收工作，并出具《广东长隆碳汇造林项目建设成效核查报告》。 经文件审核和现场访问，审核组确认项目活动不违反任何国家有关法律、法规和政策措施，且符合国家造林技术规程。	满足条件

（续）

No.	方法学适用条件	审定证据	审定意见
4	项目活动对土壤的扰动符合水土保持的要求，如沿等高线进行整地、土壤扰动面积比例不超过地表面积的 10%、且 20 年内不重复扰动；	根据《作业设计》以及审核组现场访问情况，审核组确认拟议项目采用穴状整地，沿等高线进行整地。植穴规格采用 50×50×40 cm，按每亩 74 株的造林密度，土壤扰动面积比例远远低于地表面积的 10%。另外，现场访问时确认，除死掉树苗补种时需整地外，项目期内不重复扰动。	满足条件
5	项目活动不采取烧除的林地清理方式（炼山）以及其它人为火烧活动；	《作业设计》中规定碳汇造林工程禁止炼山和全垦整地。现场访问了当地县/市林业局工作人员、施工单位人员和当地村民，确认拟议项目采用块状（1 平方米左右）割杂的方式清理林地，未采取炼山以及其他人为火烧方式清理林地。	满足条件
6	项目活动不移除地表枯落物、不移除树根、枯死木及采伐剩余物；	根据《作业设计》和现场访问的情况，现场访问了当地县/市林业局工作人员、施工单位人员和当地村民，审核组确认拟议项目活动不移除地表枯落物、不移除树根、枯死木及采伐剩余物。	满足条件
7	项目活动不会造成项目开始前农业活动（作物种植和放牧）的转移。	根据《作业设计》基线调查表的调查结果和现场访问当地村民的情况，审核组确认拟议项目所涉及地块无农业活动。	满足条件

综上所述，审核组得出结论，拟议项目活动满足方法学（AR-CM-001-V01）的所有适用条件。

3.5　项目边界确定

造林项目活动的"项目边界"是指，由拥有土地所有权或使用权的项目参与方实施的造林项目活动的地理范围，也包括以造林项目产生的产品为原材料生产的木产品的使用地点（拟议项目不涉及）。项目边界包括事前项目边界和事后项目边界。事前项目边界是在项目设计和开发阶段确定的项目边界，是计划实施造林项目活动的地理边界。

根据方法学中的选项，拟议项目选取选项"（3）使用比例尺不小于 1∶10000 的地形图进行现场勾绘，结合 GPS 或其它卫星定位系统进行精度控制。"审核组核查了由广东省林业调查规划院绘制的项目边界矢量图形文件，并确定了拟议项目的坐标区域，详见本报告 3.3 章。

另外，事后项目边界是在项目监测时确定的、项目核查时核实的、实际实施的项目活动的边界。事后项目边界可采用方法学中的选项（a）或（b）方法之一进行，面积测定误差不超过5％。

经审定，拟议项目设计文件中确定的项目边界符合所采用的方法学的要求。

3.6　土地合格性

根据方法学（AR-CM-001-V01）中关于项目边界内的土地合格性的要求，项目参与方需提供透明的信息证明，在项目开始时项目边界内每个地块的土地均符合下列所有条件：

（a）自2005年2月16日起，项目活动所涉及的每个地块上的植被状况达不到我国政府规定的标准，即植被状况不能同时满足下列所有条件：（1）连续面积≥0.0667公顷（hm^2）；（2）郁闭度≥0.20；（3）成林后树高≥2米（m）；

（b）如果地块上有天然或人工幼树，其继续生长不会达到我国政府规定的森林的阈值标准。

项目业主选择方法学中的"土地权属证或其他可用于证明的书面文件"选项进行论述拟议项目土地合格性，经审核组确认，拟议项目符合本方法学的土地合格性要求，具体分析如下：

审定证据	审定描述	审定意见
（1）五华县人民政府于2010年6月5日出具的《碳汇造林项目林地权属证明》； （2）五华县林业局于2010年6月13日出具的《碳汇造林项目土地合格性证明》。	（1）五华县林地面积共计4,000亩，其中3,562.6亩林权证已发放。林地权属归村民集体所有。 （2）五华县组织相关造林工作技术人员对该建设项目拟使用林地情况进行了现场查验及历史文献查验，并出具了拟议项目的土地合格性的证明。	符合
（1）紫金县人民政府于2012年6月5日出具的《碳汇造林项目林地权属证明》； （2）紫金县林业局于2010年6月5日出具的《碳汇造林项目土地合格性证明》。	（1）紫金县林地面积3,000亩，其中1,800亩林权证已发放。林地权属归村民集体所有。 （2）紫金县组织相关造林工作技术人员对该建设项目拟使用林地情况进行了现场查验及历史文献查验，并出具了拟议项目的土地合格性的证明。	符合

（续）

审定证据	审定描述	审定意见
（1）东源县人民政府于 2012 年 6 月 5 日出具的《碳汇造林项目林地权属证明》； （2）东源县林业局于 2010 年 6 月 12 日出具的《碳汇造林项目土地合格性证明》。	（1）东源县林地面积 2,000 亩，其中 2,000 亩林权证已发放。林地权属归村民集体所有。 （2）东源县组织相关造林工作技术人员对该建设项目拟使用林地情况进行了现场查验及历史文献查验，并出具了拟议项目的土地合格性的证明。	符合
（1）兴宁市人民政府于 2010 年 6 月 12 日出具的《碳汇造林项目林地权属证明》； （2）兴宁林业局于 2010 年 6 月 12 日出具的《碳汇造林项目土地合格性证明》。	（1）兴宁市林地面积 4,000 亩，其中 4,000 亩林权证已发放。林地权属归村民集体所有。 （2）兴宁市组织相关造林工作技术人员对该建设项目拟使用林地情况进行了现场查验及历史文献查验，并出具了拟议项目的土地合格性的证明。	符合

审核组确认，项目开发方提供了 11,362.6 亩(占项目活动总面积的 2/3 以上)林权证，符合方法学中关于"项目业主或其他项目参与方须提供占项目活动总面积三分之二或以上的项目业主或其他项目参与方的土地所有权或使用权的证据"的要求。

3.7 碳库和温室气体排放源的选择

按照方法学 AR-CM-001-V01 的规定，地上生物量和地下生物量碳库是必须要选择的碳库。项目参与方可以根据实际数据的可获得性、成本有效性和保守性原则，选择是否忽略枯死木、枯落物、土壤有机碳和木产品碳库。

根据所采用的方法学，确定拟议项目边界内碳库和排放源，如下：

表7 碳库的选择

碳库	是否选择	理由或解释
地上生物量	是	碳储量主要的碳库。
地下生物量	是	碳储量主要的碳库。
枯死木	否	根据方法学的适用条件，保守地忽略该碳库。
枯落物	否	根据方法学的适用条件，保守地忽略该碳库。
土壤有机碳	否	根据方法学的适用条件，保守地忽略该碳库。
木产品	否	根据方法学的适用条件，保守地忽略该碳库。

表 8 项目温室气体排放源的选择

排放源	气体	是否选择	理由或解释
木质生物质燃烧	CO_2	否	生物质燃烧所导致的 CO_2 排放已体现在生物质碳储量变化中。
	CH_4	是	项目计入期内发生森林火灾时，要考虑木质生物质燃烧所引起的 CH_4 排放。没有发生森林火灾时，则不选择。
	N_2O	是	项目计入期内发生森林火灾时，要考虑木质生物质燃烧所引起的 N_2O 排放。没有发生森林火灾时，则不选择。

审核组确定拟议项目边界内碳库和排放源的选择是合理的。

3.8 基准线识别

按照方法学 AR-CM-001-V01 的规定，碳汇造林项目的基准线情景为：在没有拟议的造林项目活动的情况下，项目边界内有可能会发生的各种真实可靠的土地利用情景。

审核组查阅了当地土地利用情况的记录、实地调查资料、《作业设计》、利益相关方提供的数据和反馈信息等资料，并且现场访问了当地林业局工作人员和土地所有者，以确定基准线的识别情况。具体分析如下：

审定过程	基准线识别分析
现场访问当地林业局工作人员； 现场访问《作业设计》编制单位广东省林业调查规划院； 文件审核《作业设计》基线调查表。	拟议项目边界内的土地为退化的低生产力的荒地。树木和非树木的植被覆盖度在过去几十年一直呈下降趋势，主要原因是土地退化和水土流失。另外，由于与临近的林地距离较远，因此能传播到项目地上的种源很少，实地调查表明不可能发生树木的天然更新。 拟议项目边界内植被覆盖主要是草本、灌木和零星的乔木。根据当地的土地利用规划，所有项目边界内的土地都属林业用地。目前地块内散生乔木覆盖率也不足20%，达不到森林定义标准。天然更新也无法使项目地在未来能够达到20%的森林定义标准。
访问土地所有者（当地村民）。	可能的土地利用方式是保持当前的土地利用状态（维持荒地的状态）或进行植树造林活动，因为这些荒地的利用受到政府的限制。例如，农、牧业活动是不允许的。

综上所述，拟议项目识别出了 2 种可能的基准线情景，具体如下：

情景 1：项目区将长期保持当前的宜林荒山荒地状态；

情景 2：开展非碳汇造林的项目。

经过如本报告中下文第 3.9.2 部分的"障碍分析"后，其中情景 2 被排除了，而情景 1 不受任何障碍影响，因此情景 1 是本项目的所识别的基准线情景。

经审定，审核组确认拟议项目的基准线识别出了所有可能性，基准线情景是真实、合理和可靠的，并符合所采用方法学的要求。

3.9 额外性

3.9.1 事先考虑减排机制可能带来的效益

通过文件审核及现场访问，审核组确认拟议项目的开始日期为 2011 年 1 月 1 日 (即《广东长隆碳汇造林项目施工合同书》的签订日期)。符合 AR-CM-001-V01 中项目活动的开始时间在 2005 年 2 月 16 日之后的项目资格条件。另外，拟议项目的项目设计文件的公示日期为 2013 年 12 月 16 日，项目活动的开始时间早于项目设计文件的公示时间。

以下为拟议项目的主要事件列表。

表 9 拟议项目关键性事件列表

编号	日期	事件描述
1	2010 年 6 月 2 日	广东翠峰园林绿化有限公司(甲方)、兴宁市林业局(乙方)和官亭村村委会、坪宫村村委会、锦洞村村委会、三枫村村委会、上径村村委会、黄竹村村委会(丙方)签订《碳汇造林协议》，明确了甲方负责项目资金投入和建设，并享有碳汇处置权利；乙方负责碳汇造林的组织工作；丙方负责提供符合碳汇造林条件的林地，并做好林木管护工作，享有林木所有权。
2	2010 年 6 月 5 日	广东翠峰园林绿化有限公司(甲方)、东源县林业局(乙方)和义合村村委会(丙方)签订《碳汇造林协议》，明确了甲方负责项目资金投入和建设，并享有碳汇处置权利；乙方负责碳汇造林的组织工作；丙方负责提供符合碳汇造林条件的林地，并做好林木管护工作，享有林木所有权。
3	2010 年 6 月 10 日	广东翠峰园林绿化有限公司(甲方)、紫金县林业局(乙方)和中洞村村委会、中埔村村委会、林田村村委会、庙前村村委会、下黄塘村村委会、腊石村村委会、锦口村村委会、拱桥村村委会、福甲村村委会(丙方)分别签订了《碳汇造林协议》，明确了甲方负责项目资金投入和建设，并享有碳汇处置权利；乙方负责碳汇造林的组织工作；丙方负责提供符合碳汇造林条件的林地，并做好林木管护工作，享有林木所有权。
4	2010 年 6 月 10 日	广东翠峰园林绿化有限公司(甲方)、五华县林业局(乙方)和兴中村村委会、畲维村村委会、长源村村委会(丙方)签订《碳汇造林协议》，明确了甲方负责项目资金投入和建设，并享有碳汇处置权利；乙方负责碳汇造林的组织工作；丙方负责提供符合碳汇造林条件的林地，并做好林木管护工作，享有林木所有权。
5	2010 年 9 月 30 日	广东翠峰园林绿化有限公司委托广东省林业调查规划院开展"广东长隆碳汇造林项目"作业设计工作。

（续）

编号	日期	事件描述
6	2010 年 10 月	广东省林业调查规划院编制完成《广东长隆碳汇造林项目作业设计》。
7	2010 年 10 月 12 日	五华县造林实施单位五华县华林造林有限公司与苗木供应商五华县正丰林业发展有限公司和五华县鸿运造林有限公司分别签订《苗木购销合同》。
8	2010 年 11 月 5 日	广东省林业厅下发《关于广东长隆碳汇造林项目作业设计的批复》。
9	2010 年 11 月 6 日	广东翠峰园林绿化有限公司董事会发布《关于开发广东碳汇造林项目碳汇减排量的决议》，决定寻求国内外减排机制的资金支持，以开发拟议项目。
10	2011 年 1 月 1 日	广东翠峰园林绿化有限公司、东源县林业局和东源县义合镇南浩苗圃场三方签署《广东长隆碳汇造林项目施工合同书》。
11	2011 年 1 月 1 日	广东翠峰园林绿化有限公司、五华县林业局和五华县华林造林服务有限公司三方签署《广东长隆碳汇造林项目施工合同书》。
12	2011 年 1 月 1 日	广东翠峰园林绿化有限公司、兴宁林业局和兴宁市绿胜园林绿化有限公司三方签署《广东长隆碳汇造林项目施工合同书》。
13	2011 年 1 月 1 日	广东翠峰园林绿化有限公司、紫金县林业局和紫金县绿林营林服务有限公司三方签署《广东长隆碳汇造林项目施工合同书》。
14	2011 年 1 月 4 日	五华县林业局出具五华县"广东长隆碳汇造林项目"的《开工证明》，明确五华县造林开工建设日期为 2011 年 1 月 4 日。
15	2011 年 1 月 5 日	兴宁市林业局出具兴宁市"广东长隆碳汇造林项目"的《开工证明》，明确兴宁市造林开工建设日期为 2011 年 1 月 5 日。
16	2011 年 1 月 8 日	东源县林业局出具东源县"广东长隆碳汇造林项目"的《开工证明》，明确东源县造林开工建设日期为 2011 年 1 月 8 日。
17	2011 年 1 月 7 日	紫金县林业局出具紫金县"广东长隆碳汇造林项目"的《开工证明》，明确紫金县造林开工建设日期为 2011 年 1 月 7 日。
18	2011 年 6 月 7 日	兴宁市林业局完成兴宁市"广东长隆碳汇造林项目"竣工验收，并出具《广东长隆碳汇(兴宁市)造林项目竣工验收报告》。
19	2011 年 9 月 28 日	紫金县林业局完成紫金县"广东长隆碳汇造林项目"竣工验收，并出具《紫金县广东长隆碳汇造林项目竣工报告》。
20	2011 年 12 月 10 日	东源县林业局完成东源县"广东长隆碳汇造林项目"竣工验收，并出具《东源县广东长隆碳汇造林项目竣工报告》。
21	2012 年 5 月 20 日	五华县林业局完成五华县"广东长隆碳汇造林项目"竣工验收，并出具《广东长隆碳汇(五华县)造林项目竣工验收报告》。

（续）

编号	日期	事件描述
22	2012 年 6 月	广东省林业调查规划院完成"广东长隆碳汇造林项目"验收工作，并出具《广东长隆碳汇林项目建设成效核查报告》。
23	2012 年 8 月 10 日	广东翠峰园林绿化有限公司董事会发布《关于开发广东碳汇造林项目碳汇减排量的补充决议》，决定寻求 CCER 收益，以开发拟议项目。

据此，审核组确认拟议项目活动的最初目的是为了实现温室气体减排，事先考虑了减排机制可能带来的效益，并作为投资决策的依据。

3.9.2　障碍分析

根据 AR-CM-001-V01 的要求，对识别出的基准线土地利用情景（本报告3.8 中的情景 1 和情景 2）进行障碍分析，识别可能会存在的障碍。这里的"障碍"是指至少会阻碍其中一种土地利用情景实现的障碍，具体分析如下：

No.	障碍种类	描述	审核证据	审定意见
1	投资障碍	对于情景 2，开展非碳汇造林的项目，一直以来由于缺少财政补贴或非商业投资，存在投资障碍，因此将情景 2 剔除。保留的情景只有情景 1，因此情景 1 为基准线情景。	中国绿色碳汇基金会出具的《广东长隆碳汇造林项目资助证明》；广东省林业厅出具的《广东长隆碳汇造林项目资金证明》；《作业设计》；现场访问项目业主和当地林业主管部门；	情景 2 存在投资障碍，被排除
2	技术障碍	对于情景 2，缺少必需的种苗等造林材料和相关造林技术，另外接受过良好技术培训的劳动力也不足。	现场访问广东省林业调查规划院、当地林业主管部门和当地村民；《作业设计》；	情景 2 存在技术障碍，被排除
3	生态条件障碍	对于情景 2，项目地土壤贫瘠，林木植被覆盖度低，水土流失严重，项目地土地退化，造林存在生态条件障碍。	现场访问广东省林业调查规划院、当地林业主管部门和当地村民；《作业设计》；《碳汇造林项目土地合格性证明》；	情景 2 存在生态条件障碍，被排除

据此，审核组确认情景 2 存在资金障碍、技术障碍和生态条件障碍。而两种土地利用情景中，情景 1 不存在任何障碍，因此情景 1 是基线情景。

3.9.3　投资分析

根据所采用的方法学规定，在只有一种土地利用情景不受任何障碍影响时，无需进行投资分析。

3.9.4 普遍性做法分析

拟议项目所在地不存在类似造林活动。由于政府规定项目地为林业用地，其它非林业范畴的土地利用方式（如农地、放牧地等）是不被允许的。拟议项目地区位于广东东部山区，属于经济欠发达地区，地方财政比较紧张，没有资金投资造林；项目地土壤贫瘠，林木植被覆盖度低，水土流失严重，项目地土地退化，造林存在生态条件障碍；此外，碳汇林项目选用乡土树种，经济回报低，因此没有吸引力。在这种背景下，项目地将保持当前的宜林荒山荒地的状态，即基准线情景。在没有拟议碳汇造林项目时，普遍性做法仍然是维持不用任何投资造林的宜林荒山荒地状态。本碳汇造林项目是在具有可比性的地理范围、地理位置、环境条件、社会经济条件、制度框架以及投资环境下的首个碳汇造林项目活动，在项目所在地还未有类似碳汇造林项目在实施。因此，拟议的碳汇造林项目活动不是普遍性做法。

审核组检查了论述中提到的文件资料，基于行业以及本地经验，确定拟议项目普遍性分析是合理的，拟议项目不具备普遍性。

在文件审核过程中，审核组发现在项目设计文件（第01版）中，未能列出项目的主要事件列表以体现项目完整的时间链。审核组开具了澄清要求4。项目委托方在项目设计文件（第03版）中补充了项目的事件列表的内容。审核组检查了修改后的项目设计文件（第03版），确认在B.5部分中补充了项目事件列表的内容，通过检查列表中的事件的相关证据，确认修改后的事件列表的内容真实可信，完整地反映了项目过程中的主要事件。因此，澄清要求4关闭。

在项目设计文件（第01版）中，项目委托方没有关于项目如何持续寻求减排机制支持的论述。审核组开具了澄清要求5。项目委托方向审核组提供了《关于广东长隆碳汇造林项目减排量开发的决议》，说明项目业主为了提升项目盈利能力，在项目开始之初就决定将拟议项目开发成碳汇减排项目。同时，在项目设计文件（第03版）中增加了关于项目持续寻求减排机制的支持的相关重要事件。审核组检查了修改后的项目设计文件（第03版），确认在第B.5章中增加了关于项目持续寻求减排机制的支持的论述。通过检查造林作业设计文件的完成日期以及其中关于减排收益的论述、《关于广东长隆碳汇造林项目减排量开发的决议》的日期以及相关内容，项目设计文件（第01版）完成日期以及中国自愿减排交易信息平台上本项目的公示日期，确认上述活动事件的时间间隔少于两年，审核组确认关于项目持续寻求减排机制的支持的论述是真实可信的，并且确认项目是在持续寻求减排机制的支持以确保项目的实施。因此，澄清要求 5 关闭。

在现场访问过程中，审核组发现项目设计文件(第 01 版)中对投资障碍的论证和证据不够充分，不足以说明项目面临的投资障碍，审核组开具了不符合 2。项目委托方在现场访问结束后向审核组提供了关于项目投资障碍的文件证据。审核组检查了相关证据文件，确认项目的额外性论证过程是合理的，并符合方法中的相关要求。因此，不符合 2 关闭。

3.10　减排量(净碳汇量)计算

审核组查阅了拟议项目的项目设计文件中的基线碳汇量、项目碳汇量和泄漏的计算，并审核了拟议项目净碳汇量计算表中基线碳汇量、项目碳汇量和泄漏的计算过程，同时用 excel 表格对项目净碳汇量计算过程进行验算，确认项目设计文件(第 03 版，2014 年 07 月 01 日)中的项目净碳汇量计算公式和过程与 AR-CM-001-V01 碳汇造林项目方法学的要求一致，项目净碳汇量计算结果正确、真实；同时审核组查阅了方法学以及方法学以外引用的各种参数以及方程的来源文件，确认净碳汇量计算过程中的参数数值正确合理。

在项目活动的整个计入期内事先确定并保持不变的数据和参数已经在下表列出，审核组通过核对项目设计文件中的数据和参数与方法学以及方法学以外引用的各种参数以及方程的来源文件中的数据和参数，确认这些数据的数据源和假设都是适宜和计算正确的，并且适用于项目活动，能够保守地估算减排量。

数据／参数	$CF_{TREE,j}$
数据单位	$tC \cdot t^{-1}$
描述	树种 j 生物量中的含碳率，用于将生物量转换成碳含量
数据来源	采用 2006 IPCC 国家温室气体清单指南：农业、林业和其它土地利用 P4.48 表 4.3 中热带亚热带所有树种的生物量含碳率
使用的值	拟议项目所涉及所有树种的 CF 值取 0.47

数据／参数	$R_{TREE,j}$
数据单位	无量纲
描述	树种 j 的地下生物量／地上生物量的比值，用于将树干生物量转换全林生物量
数据来源	使用《中华人民共和国气候变化第二次国家信息通报》"土地利用变化和林业温室气体清单"（2013）中的数值，查表可得，拟议项目所涉及的树种的 R 值。
使用的值	**主要树种地下生物量／地上生物量比值（R）**

树种	$R_{TREE,j}$	树种	$R_{TREE,j}$
马尾松	0.187	火力楠	0.289
桉树	0.221	樟树	0.275
荷木	0.258	山杜英	0.261
枫香	0.398	相思	0.207
红锥	0.261	格木	0.261
藜蒴	0.289		

数据／参数	$D_{TREE,j}$
数据单位	$t \cdot m^{-3}$
描述	树种 j 的基本木材密度，用于将树干材积转换为树干生物量
数据来源	使用《中华人民共和国气候变化第二次国家信息通报》"土地利用变化和林业温室气体清单"（2013）中的数值，查表可得，拟议项目所涉及的树种 D 值。
使用的值	**主要树种基本木材密度（D）值**

树种	基本木材密度	树种	基本木材密度
马尾松	0.380	火力楠	0.443
桉树	0.578	樟树	0.460
荷木	0.598	山杜英	0.598
枫香	0.598	相思	0.443
红锥	0.598	格木	0.598
藜蒴	0.443		

数据／参数	$BEF_{TREE,j}$
数据单位	无量纲
描述	树种 j 的生物量扩展因子，用于将树干生物量转换为地上生物量
数据来源	使用《中华人民共和国气候变化第二次国家信息通报》"土地利用变化和林业温室气体清单"（2013）中的数值，查表可得，拟议项目所涉及的树种的 BEF 值。

（续）

数据／参数	$BEF_{TREE,j}$
使用的值	主要树种生物量扩展因子（BEF）值

树种	生物量扩展因子	树种	生物量扩展因子
马尾松	1.472	火力楠	1.586
桉树	1.263	樟树	1.412
荷木	1.894	山杜英	1.674
枫香	1.765	相思	1.479
红锥	1.674	格木	1.674
藜蒴	1.586		

数据／参数	$COMF$
数据单位	无量纲
描述	燃烧因子（针对每个植被类型）
数据来源	方法学中的默认值
使用的值	

森林类型	林龄（年）	缺省值
热带森林	3 – 5	0.46
	6 – 10	0.67
	11 – 17	0.50
	≥18	0.32

数据／参数	EF_{CH_4}
数据单位	g $CH_4 \cdot kg^{-1}$
描述：	CH_4 排放因子
数据来源	方法学中的默认值
使用的值	热带森林 6.8

数据／参数	EF_{N_2O}
数据单位	g $N_2O \cdot kg^{-1}$
描述	N_2O 排放因子
数据来源	方法学中的默认值
使用的值	热带森林 0.20

3.10.1 基线碳汇量

审核组确认在确定基线碳汇量时，所采取的步骤和应用的计算公式符合方法学的要求。

按照方法学的要求，在无林地上造林，基线情景下的枯死木、枯落物、土壤有机质和木产品碳库的变化量可以忽略不计，审核组通过查阅项目作业设计中的基线调查表确定项目实施前项目所在地为宜林荒山荒地，因此基线情景下的枯死木、枯落物、土壤有机质和木产品碳库的变化量在此统一视为0。此外，审核组通过查阅项目作业设计以及现场察看确定拟议项目在实施过程中保留了原有的灌木，因此项目设计文件在基线碳汇量和项目碳汇量的计算中关于灌木碳储量变化为0的设定是合理的。

根据方法学，基线碳汇量按照以下公式进行计算：

$$\Delta C_{BSL,t} = \Delta C_{TREE\_BSL,t} + \Delta C_{SHRUB\_BSL,t}$$

式中：

$\Delta C_{BSL,t}$ —第 t 年的基线碳汇量，$tCO_2e \cdot a^{-1}$

$\Delta C_{TREE\_BSL,t}$ —第 t 年时，项目边界内基线林木生物质碳储量的年变化量，$tCO_2e \cdot a^{-1}$

$\Delta C_{SHRUB\_BSL,t}$ —第 t 年时，项目边界内基线灌木生物质碳储量的年变化量，$tCO_2e \cdot a^{-1}$

3.10.1.1 基线林木生物质碳储量的变化

基线林木生物质碳储量的年变化量的计算是基于划分的基线碳层，将各基线碳层的林木生物质碳储量的年变化量进行汇总得到的，具体公式如下：

$$\Delta C_{TREE\_BSL,t} = \sum_{i=1} \Delta C_{TREE\_BSL,i,t}$$

式中：

$\Delta C_{TREE\_BSL,t}$ —第 t 年时，项目边界内基线灌木生物质碳储量的年变化量，$tCO_2e \cdot a^{-1}$

$\Delta C_{TREE\_BSL,i,t}$ —第 t 年时，第 i 基线碳层林木生物质碳储量的年变化量，$tCO_2e \cdot a^{-1}$

i —1，2，3，…，基线碳层

t —1，2，3，…，自项目开始以来的年数

假定一段时间内(第 t_1 至 t_2 年)基线林木生物量的变化是线性的，基线林木生物质碳储量的年变化量($\Delta C_{TREE\_BSL,i,t}$)计算如下：

$$\Delta C_{TREE\_BSL,i,t} = \frac{C_{TREE\_BSL,i,t} - C_{TREE\_BSL,i,t}}{t_2 - t_1}$$

式中：

$\Delta C_{TREE\_BSL,i,t}$ —第 t 年时，第 i 基线碳层林木生物质碳储量的年变化量，$tCO_2e \cdot a^{-1}$

$C_{TREE\_BSL,i,t}$ —第 t 年时，第 i 基线碳层林木生物量的碳储量，tCO_2e

t —1，2，3，……自项目开始以来的年数

t_1，t_2 —项目开始以后的第 t_1 年和第 t_2 年，且 $t_1 \leqslant t \leqslant t_2$

林木生物质碳储量是利用林木生物量含碳率将林木生物量转化为碳含量，再利用 CO_2 与 C 的分子量(44/12)比将碳含量(tC)转换为二氧化碳当量(tCO_2e)：

$$C_{TREE\_BSL,i,t} = \frac{44}{12} * \sum_{j=1} (B_{TREE\_BSL,i,j,t}) * (CF_{TREE\_BSL,j})$$

式中：

$\triangle C_{TREE\_BSL,i,j,t}$ —第 t 年时，第 i 基线碳层树种 j 的生物质碳储量，$t CO_2e$

$B_{TREE\_BSL,i,j,t}$ —第 t 年时，基线第 i 基线碳层树种 j 的生物量，t(吨干重)

$CF_{TREE\_BSL,j}$ —树种 j 的生物量中的含碳率，$tC \cdot t^{-1}$

44/12 —CO_2 与 C 的分子量之比

在估算基线林木生物量($B_{TREE\_BSL,i,j,t}$)时，项目参与方参照了生物量扩展因子法，具体公式如下。其中材积量是由已经公开发表可得的树种的蓄积量方程计算得到的。

$$B_{TREE\_BSL,i,j,t} = V_{TREE\_BST,i,j,t} * D_{TREE\_BSL,j} * BEF_{TREE\_BSL,j}$$
$$* (1 + R_{TREE\_BSL,j}) * N_{TREE\_BSL,i,j,t} * A_{BSL,i}$$

式中：

$B_{TREE\_BSL,i,j,t}$ —第 t 年时，第 i 基线碳层树种 j 的生物量，t

$V_{TREE\_BSL,i,j,t}$ —第 t 年，第 i 基线碳层树种 j 的材积，$m^3 \cdot$ 株$^{-1}$

$D_{TREE\_BSL,j}$ —第 i 基线碳层树种 j 的基本木材密度(带皮)，t

$BEF_{TREE\_BSL,j}$ —第 i 基线碳层树种 j 的生物量扩展因子，用于将树干材积转化为林木地上生物量，无量纲

$R_{TREE\_BSL,j}$ —树种 j 的地下生物量/地上生物量之比，无量纲

$N_{TREE\_BSL,i,j,t}$ ——第 t 年时，第 i 基线碳层树种 j 的株数，株·hm^{-2}

$A_{BSL,i}$ ——第 i 基线碳层的面积，hm^2

i ——1，2，3……基线碳层

j ——1，2，3……树种

t ——1，2，3……项目活动开始以后的年数

以上公式中材积量（$V_{TREE\_BSL,i,j,t}$）是由已经公开发表可得的文献中的树种的蓄积量生长方程得到的，如下表所示：

树种	蓄积量生长方程	参考文献
马尾松、湿地松	$V = 2.0019/((1+4.9998/A)^{9.2962})$	CDM 项目"广西西北部地区退化土地再造林项目"PDD 中第 141 页中松树单木材积生长方程
阔叶类（荷木、枫香、桉树）	$V = 0.9741 \times (1 - e^{-0.0314A})^{4.2366}$	CDM 项目"广西西北部地区退化土地再造林项目"PDD 中第 141 页中硬木单木材积生长方程

审核组检查了所提供的每个树种蓄积量生长方程的参考文献，确定了在估算过程中所选用的蓄积量生长方程是正确引用的，而且项目参与方选择的估算方法能够反映项目所在地本地的情况，因此所使用的树种的蓄积量生长方程是正确且合理的。

3.10.1.2 基线灌木生物质碳储量的变化

如前所述，拟议项目灌木碳储量变化设定为0。

3.10.2 项目碳汇量

审核组确认在确定项目碳汇量时，所采取的步骤和应用的计算公式符合方法学的要求。

按照方法学，项目碳汇量，等于拟议的项目活动边界内各碳库中碳储量变化之和，减去项目边界内产生的温室气体排放的增加量，公式如下：

$$\Delta C_{ACTURAL,t} = \Delta C_{p,t} - GHG_{E,t}$$

式中：

$\Delta C_{ACTURAL,t}$ ——第 t 年时的项目碳汇量，tCO$_2$e·a^{-1}

$\Delta C_{P,t}$ ——第 t 年时项目边界内所选碳库的碳储量变化量，tCO$_2$e·a^{-1}

$GHG_{E,t}$ ——第 t 年时由于项目活动的实施所导致的项目边界内非 CO$_2$ 温室气体排放的增加量，项目事前预估时设为 0，tCO$_2$e·a^{-1}

第 t 年时，项目边界内所选碳库碳储量变化量的计算方法如下：

式中：

$\Delta C_{P,t}$ ——第 t 年时，项目边界内所选碳库的碳储量变化量，tCO_2 $e \cdot a^{-1}$

$\Delta C_{TREE\_PROJ,t}$ ——第 t 年时，项目边界内林木生物质碳储量变化量，tCO_2 $e \cdot a^{-1}$

$\Delta C_{SHRUB\_PROJ,t}$ ——第 t 年时，项目边界内灌木生物质碳储量变化量，tCO_2 $e \cdot a^{-1}$

$\Delta C_{DW\_PROJ,t}$ ——第 t 年时，项目边界内枯死木碳储量变化量，tCO_2 $e \cdot a^{-1}$

$\Delta C_{LI\_PROJ,t}$ ——第 t 年时，项目边界内枯落物碳储量变化量，tCO_2 $e \cdot a^{-1}$

$\Delta SOC_{AL,t}$ ——第 t 年时，项目边界内土壤有机碳储量变化量，tCO_2 $e \cdot a^{-1}$

$\Delta C_{HWP\_PROJ,t}$ ——第 t 年时，项目情景下收获木产品碳储量变化量，tCO_2 $e \cdot a^{-1}$

根据本《方法学》的适用条件，在无林地上造林，基线情景下的枯死木、枯落物、土壤有机质和木产品碳库的变化量可以忽略不计，统一视为 0。为保护多样性，在造林时尽量保留原有的灌木，基于成本有效性原则，在基线情景和项目情景均不计量、监测灌木碳储量变化量，将灌木碳储量变化量设定为 0。

3.10.2.1 项目边界内林木生物质碳储量的变化

按照方法学，项目边界内林木生物质碳储量变化（$\Delta C_{TREE\_PROJ,t}$）的计算方法如下：

$$\Delta C_{TREE\_PROJ,t} = \sum_{i=1} \Delta C_{TREE\_PROJ,i,t} = \sum_{i=1} \left(\frac{C_{TREE\_PROJ,t_2} - C_{TREE\_PROJ,i,t_1}}{t_2 - t_1} \right)$$

$$C_{TREE\_PROJ,t} = \frac{44}{12} * \sum_{j=1} \left(B_{TREE\_PROJ,i,j,t} * CF_{TREE\_PROJ,j} \right)$$

式中：

$\Delta C_{TREE\_PROJ,t}$ ——第 t 年时，项目边界内林木生物质碳储量变化量，$tCO_2e \cdot a^{-1}$

$\Delta C_{TREE\_PROJ,i,t}$ ——第 t 年时，第 i 项目碳层林木生物质碳储量变化量，

$tCO_2e \cdot a^{-1}$

$C_{TREE\_PROJ,i,t}$ ——第 t 年时，第 i 项目碳层林木生物质碳储量，tCO_2e

$B_{TREE\_PROJ,i,j,t}$ ——第 t 年时，第 i 项目碳层树种 j 的生物量，t

$CF_{TREE\_PROJ,j}$ ——树种 j 生物量中的含碳率；$tC \cdot t^{-1}$

t_1，t_2 ——项目开始以后的第 t_1 年和第 t_2 年，且 $t_1 \leqslant t \leqslant t_2$

i —— 1，2，3，…，项目碳层

j—— 1，2，3，…，树种

t—— 1，2，3，…，自项目开始以来的年数

项目边界内林木生物量（$B_{TREE\_PROJ,i,j,t}$）的估算，是采用"生物量扩展因子法"来进行计算的，这是与基准线情景是一致的。具体公式如下。其中材积量是由已经公开发表可得的树种的蓄积量方程计算得到的。

$$B_{TREE\_PROJ,i,j} = V_{TREE\_PROJ,i,j} * D_{TREE\_PROJ,j} * BEF_{TREE\_PROJ,j} * (1 + R_{TREE\_j}) * A_{PROJ,i,j}$$

式中：

$B_{TREE\_PROJ,i,j,t}$ ——第 t 年时，第 i 项目碳层树种 j 的林分生物量，t

$V_{TREE\_PROJ,i,j,t}$ ——第 t 年，第 i 项目碳层树种 j 的林分蓄积量，将林龄数据代入林分蓄积量生长方程计算得来，$m^3 \cdot hm^{-2}$

$D_{TREE\_PROJ,j}$ ——第 i 项目碳层树种 j 的基本木材密度（带皮），$t \cdot m^{-3}$

$BEF_{TREE\_PROJ,j}$ ——第 i 项目碳层树种 j 的生物量扩展因子，用于将树干材积转化为林木地上生物量，无量纲

$R_{TREE\_PROJ,j}$ ——树种 j 的地下生物量/地上生物量之比，无量纲

$A_{PROJ,i}$ ——第 i 项目碳层中树种 j 的面积，hm^2

i ——1，2，3……项目碳层

j ——1，2，3……树种

t ——1，2，3……项目活动开始以后的年数

以上公式中材积量（$V_{TREE\_PROJ,i,j,t}$）是由已经公开发表可得的文献中的树种的林分蓄积量方程得到的，如下表所示：

树种	蓄积量方程	参考文献
阔叶树类	$V = e^{(5.7779 - 10.0688/(A-1))}$	由于当地缺乏适用的造林树种蓄积量生长方程，本项目采用张治军(2009)广西造林再造林固碳成本效益研究［博士学位论文］第119页中有关阔叶树的林分蓄积量生长方程进行事前单位面积林分蓄积量预估。该文献中的枫香、荷木等阔叶树碳储量异速生长方程是用转化系数 $[D \times BEF \times (1 + R) \times CF]$ 乘以林分蓄积量生长方程（$V = e^{(5.7779 - 10.0688/(A-1))}$）得到的。经验证，该蓄积量生长方程预测结果符合广东森林连续清查结果。

审核组通过行业专业知识确定项目造林树种（樟树、荷木、枫香、山杜英、相思、火力楠、藜蒴、红椎、格木）这9个树种属于阔叶树种，项目设计文件中的相关假设是合理的。

审核组检查了蓄积量方程的参考文献，确定了在估算过程中所选用的蓄积量方程是正确引用的，而且项目参与方选择的估算方法能够反映项目所在地本地的情况，因此所使用的树种的蓄积量方程是正确且合理的。

3.10.2.2　项目边界内灌木生物质碳储量的变化

如前所述，拟议项目边界内灌木碳储量变化设定为0。

3.10.2.3　项目边界内枯死木碳储量的变化

审核组查看了方法学的有关要求并检查了项目设计文件中的有关论述，确认拟议项目忽略了该碳库的设定是保守的，且符合方法学的要求。因此，拟议项目边界内不考虑枯死木碳储量变化。

3.10.2.4　项目边界内枯落物碳储量的变化

审核组查看了方法学的有关要求并检查了项目设计文件中的有关论述，确认拟议项目忽略了该碳库的设定是保守的，且符合方法学的要求。因此，拟议项目边界内不考虑枯落物碳储量变化。

3.10.2.5　项目边界内土壤有机碳储量的变化

审核组查看了方法学的有关要求并检查了项目设计文件中的有关论述，确认拟议项目忽略了该碳库的设定是保守的，且符合方法学的要求。因此，拟议项目边界内不考虑土壤有机碳储量变化。

3.10.2.6　项目边界内收获木产品碳储量的变化

审核组查看了方法学的有关要求并检查了项目设计文件中的有关论述，确认拟议项目忽略了该碳库的设定是保守的，且符合方法学的要求。因此，拟议项目边界内不考虑收获木产品碳储量变化。

3.10.2.7 项目边界内温室气体排放量的增加量

根据本方法学的适用条件，项目活动不涉及全面清林和炼山等有控制火烧，因此本方法学主要考虑项目边界内森林火灾引起生物质燃烧造成的温室气体排放。

对于项目事前估计，由于通常无法预测项目边界内的火灾发生情况，因此可以不考虑森林火灾造成的项目边界内温室气体排放，即 $GHG_{E,t} = 0$。

对于项目事后估计，项目边界内温室气体排放的估算方法如下：

$$GHG_{E,t} = GHG_{FF\_TREE,t} + GHG_{FF\_DOM,t}$$

式中：

$GHG_{E,t}$ ——第 t 年时，项目边界内温室气体排放的增加量，$tCO_2e \cdot a^{-1}$

$GHG_{FF\_TREE,t}$ ——第 t 年时，项目边界内由于森林火灾引起林木地上生物质燃烧造成的非 CO_2 温室气体排放的增加量，$tCO_2e \cdot a^{-1}$

$GHG_{FF\_DOM,t}$ ——第 t 年时，项目边界内由于森林火灾引起死有机物燃烧造成的非 CO_2 温室气体排放的增加量，$tCO_2e \cdot a^{-1}$

t ——1，2，3……项目开始以后的年数，年（a）

按照方法学，森林火灾引起林木地上生物质燃烧造成的非 CO_2 温室气体排放，使用最近一次项目核查时（t_L）划分的碳层、各碳层林木地上生物量数据和燃烧因子进行计算。第一次核查时，无论自然或人为原因引起森林火灾造成林木燃烧，其非 CO_2 温室气体排放量都假定为 0。

$$GHG_{FF\_TREE,t} = 0.001 * \sum_{i=1} \left[A_{BURN,i,t} * b_{TREE,i,t_L} * COMF_i \right.$$
$$\left. * \left(EF_{CH_4} * GWP_{CH_4} + EF_{N_2O} * GWP_{N_2O} \right) \right]$$

式中：

$GHG_{FF\_TREE,t}$ ——第 t 年时，项目边界内由于森林火灾引起林木地上生物质燃烧造成的非 CO_2 温室气体排放的增加量，$tCO_2e \cdot a^{-1}$

$A_{BURN,i,t}$ ——第 t 年时，第 i 项目碳层发生燃烧的土地面积，hm^2

b_{TREE,i,t_L} ——火灾发生前，项目最近一次核查时（第 t_L 年）第 i 项目碳层的林木地上生物量。如果只是发生地表火，即林木地上生物量未被燃烧，则 B_{TREE,i,t_L} 设定为 0，$t \cdot hm^{-2}$

$COMF_i$ —第 i 项目碳层的燃烧指数（针对每个植被类型），无量纲

EF_{CH_4} —CH_4 排放因子，$gCH_4 \cdot kg^{-1}$

EF_{N_2O} —N_2O 排放因子，$gN_2O \cdot kg^{-1}$

GWP_{CH_4} —CH_4 的全球增温潜势，用于将 CH_4 转换成 CO_2 当量，缺省值 25

GWP_{N_2O} —N_2O 的全球增温潜势，用于将 N_2O 转换成 CO_2 当量，缺省值 298

i —1，2，3……项目碳层，根据第 t_L 年核查时的分层确定

t —1，2，3……项目开始以后的年数，年（a）

0.001 —将 kg 转换成 t 的常数

森林火灾引起死有机物质燃烧造成的非 CO_2 温室气体排放，应使用最近一次核查（t_L）的死有机质碳储量来计算。第一次核查时由于火灾导致死有机质燃烧引起的非 CO_2 温室气体排放量设定为 0，之后核查时的非 CO_2 温室气体排放量计算如下：

$$GHG_{FF\_DOM,t} = 0.07 * \sum_{i=1} \left[A_{BURN,i,t} * \left(C_{DW,i,t_L} + C_{LI,i,t_L} \right) \right]$$

式中：

$GHG_{FF\_DOM,t}$ —第 t 年时，项目边界内由于森林火灾引起死有机物燃烧造成的非 CO_2 温室气体排放的增加量，$tCO_2e \cdot a^{-1}$

$A_{BURN,i,t}$ —第 t 年时，第 i 项目碳层发生燃烧的土地面积，hm^2

C_{DW,i,t_L} —火灾发生前，项目最近一次核查时（第 t_L 年）第 i 层的枯死木单位面积碳储量，使用第 5.8.3 节的方法计算，$tCO_2e \cdot hm^{-2}$

C_{LI,i,t_L} —火灾发生前，项目最近一次核查时（第 t_L 年）第 i 层的枯落物单位面积碳储量，使用第 5.8.4 节的方法计算，$tCO_2e \cdot hm^{-2}$

i —1，2，3……项目碳层，根据第 t_L 年核查时的分层确定

t —1，2，3……项目开始以后的年数，年（a）

0.07 —非 CO_2 排放量占碳储量的比例，使用 IPCC 缺省值（0.07）

3.10.3 泄漏

根据本方法学的适用条件，不考虑项目实施可能引起的项目前农业活动

的转移，也不考虑项目活动中使用运输工具和燃油机械造成的排放。因此在本方法学下，造林活动不存在潜在泄漏。审核组确认拟议项目有关泄漏的描述以及设定是符合方法学的。

3.10.4 减排量(净碳汇量)

项目活动所产生的减排量，等于项目碳汇量减去基线碳汇量。计算下列公式(见《方法学》中公式(28))。

$$\Delta C_{AR,t} = \Delta C_{ACTURAL,t} - \Delta C_{BSL,t}$$

式中:

$\Delta C_{AR,t}$ ——第 t 年时的项目减排量，$tCO_2e \cdot a^{-1}$

$\Delta C_{ACTURAL,t}$ ——第 t 年时的项目碳汇量，$tCO_2e \cdot a^{-1}$

$\Delta C_{BSL,t}$ ——第 t 年时的基线碳汇量，$tCO_2e \cdot a^{-1}$

t ——1，2，3，……项目开始以后的年数

项目计入期为 2011 年 01 月 01 日至 2030 年 12 月 31 日(含首尾两天，共计 20 年)内的净碳汇量为 347，292tCO_2e，其中:

日期	基线碳汇量(tCO_2e)	项目碳汇量(tCO_2e)	项目减排量(tCO_2e)
2011 年 01 月 01 日—2011 年 12 月 31 日	327	3，856	3，529
2012 年 01 月 01 日—2012 年 12 月 31 日	434	16，795	16，361
2013 年 01 月 01 日—2013 年 12 月 31 日	543	27，139	26，596
2014 年 01 月 01 日—2014 年 12 月 31 日	648	31，274	30，626
2015 年 01 月 01 日—2015 年 12 月 31 日	744	31，532	30，787
2016 年 01 月 01 日—2016 年 12 月 31 日	831	29，961	29，130
2017 年 01 月 01 日—2017 年 12 月 31 日	908	27，687	26，779
2018 年 01 月 01 日—2018 年 12 月 31 日	973	25，253	24，279
2019 年 01 月 01 日—2019 年 12 月 31 日	1，029	22，905	21，876
2020 年 01 月 01 日—2020 年 12 月 31 日	1，075	20，743	19，668
2021 年 01 月 01 日—2021 年 12 月 31 日	1，113	18，797	17，684
2022 年 01 月 01 日—2022 年 12 月 31 日	1，144	17，064	15，920
2023 年 01 月 01 日—2023 年 12 月 31 日	1，168	15，529	14，361
2024 年 01 月 01 日—2024 年 12 月 31 日	1，187	14，171	12，985
2025 年 01 月 01 日—2025 年 12 月 31 日	1，201	12，970	11，769
2026 年 01 月 01 日—2026 年 12 月 31 日	1，210	11，905	10，694

（续）

日期	基线碳汇量(tCO$_2$e)	项目碳汇量(tCO$_2$e)	项目减排量(tCO$_2$e)
2027 年 01 月 01 日—2027 年 12 月 31 日	1，216	10，958	9，742
2028 年 01 月 01 日—2028 年 12 月 31 日	1，220	10，115	8，895
2029 年 01 月 01 日—2029 年 12 月 31 日	1，220	9，362	8，141
2030 年 01 月 01 日—2030 年 12 月 31 日	1，219	8，687	7，468
总计	19，409	366，701	347，292

在文件审核过程中，审核组发现项目设计文件(第 01 版)B6.1.1 部分所使用的散生木材积生长方程的来源选择不明确，审核组开具了澄清要求 6。对此，项目委托方予以解释说明，由于项目区缺乏适用的散生木单木生长方程，拟议项目采用"CDM 广西西北部地区退化土地再造林项目 PDD"第 141 页中松树和硬木单木材积生长方程进行预测。在基线情景下，由于当地土壤贫瘠，无人经营，散生木生长不良、缓慢，处于衰退状态，而再造林项目的树木都会有人工管护，生长较快，因此在基线情景下采用"广西类似地区平均生长势"中的单木生长方程来预测其材积生长量是保守的。同时，项目委托方在项目设计文件(第 03 版)中进行了核实更新。审核组检查了更新后的项目设计文件(第 03 版)和每个树种生长方程的参考文献，确认了在估算过程中所选用的蓄积量生长方程是正确引用的，而且项目参与方选择的估算方法能够反映项目所在地本地的情况，因此所使用的树种的蓄积量生长方程是可接受且合理的，澄清要求 6 关闭。

在文件审核过程中，审核组发现项目设计文件(第 01 版)B6.2 部分所使用的林木蓄积量生长方程的公式来源选择不明确，审核组开具了澄清要求 7。项目委托方说明，由于当地缺乏适用的造林树种蓄积量生长方程，拟议项目采用张治军(2009)广西造林再造林固碳成本效益研究[博士学位论文]第 119 页中有关阔叶树的生长方程进行事前单位面积林分蓄积量预估。审核组查阅了张治军(2009)广西造林再造林固碳成本效益研究[博士学位论文]第 119 页中有关阔叶树的生长方程，并与广东森林连续清查结果进行了交叉校核，确认了在估算过程中所选用的蓄积量生长方程是可接受的，而且项目参与方选择的估算方法能够反映项目所在地的情况，因此所使用的树种的蓄积量生长方程是可接受且合理的，澄清要求 7 关闭。

在文件审核过程中，审核组发现项目设计文件(第 01 版)中未说明发生森林火灾的情况下，所需事前监测的参数和排放量变化的量化过程，审核组开具了澄清要求8。项目委托方增加了计算森林火灾排放所需事前监测的参数信息和发生森林火灾时排放量的量化过程。审核组检查了修订后的项目设计文件，通过与方法学中有关要求核对，确认有关参数信息的描述是正确的，所选择的事先确定的数据是合理的，澄清要求8关闭。

在文件审核过程中，审核组发现项目设计文件(第01版)和减排量计算表格(第1.0版)中拟议项目的基线碳汇量、项目碳汇量和项目减排量计算有误，对此，审核组开具了不符合1。项目委托方在减排量计算表格(第2.0版)中改正了计算公式中的错误，并在项目设计文件(第03版)中更正了相应数据的计算结果。审核组检查了修订后的项目设计文件(第03版)和减排量计算表格(第2.0版)，确认项目的减排量计算部分相关公式和结果正确、无误。因此，不符合1关闭。

3.11　监测计划

项目设计文件中的监测计划包含了方法学中所需要监测的参数以及相关描述，监测手段，野外测定和方法，抽样设计，监测频率，样地设置以及精度控制及矫正。审核组通过文件评审广东长隆碳汇造林项目监测手册(第1.0版)和方法学的相关要求，确定项目设计文件中包含了一个完整的监测计划，清晰地描述了方法学规定的所有必需参数。经审定，监测计划符合所选择的 AR-CM-001-V01 方法学的相关要求、监测计划的设计具有可操作性。

3.11.1　监测参数

项目设计文件(第03版)中 B.7.1 部分包含了全部需要监测数据和参数，如下表所示：

数据/参数	A_i
数据单位	hm^2
应用的公式编号	《方法学》中公式(6)、公式(31)、公式(32)
描述	第 i 项目碳层的面积
数据源	野外测定
测定步骤	采用国家森林资源清查或森林规划设计调查使用的标准操作程序
监测频率	第一次监测日期：2015 年 1 月 第二次监测日期：2020 年 10 月 第三次监测日期：2025 年 10 月 第四次监测日期：2030 年 10 月
QA/QC	采用国家森林资源调查使用的质量保证和质量控制(QA/QC)程序，面积测定误差不大于5%

数据/参数	A_p
数据单位	hm^2
应用的公式编号	《方法学》中公式(31)、公式(32)、公式(33)
描述	样地面积
数据源	野外测定、核实
测定步骤	采用国家森林资源清查或森林规划设计调查使用的标准操作程序
监测频率	第一次监测日期：2015 年 1 月 第二次监测日期：2020 年 10 月 第三次监测日期：2025 年 10 月 第四次监测日期：2030 年 10 月
QA/QC	采用国家森林资源调查使用的质量保证和质量控制(QA/QC)程序

数据/参数	DBH
数据单位	cm
应用的公式编号	《方法学》中公式(6)
描述	胸径(DBH)，用于利用材积公式计算林木材积
数据源	野外测定
测定步骤	采用国家森林资源清查或森林规划设计调查使用的标准操作程序
监测频率	第一次监测日期：2015 年 1 月 第二次监测日期：2020 年 10 月 第三次监测日期：2025 年 10 月 第四次监测日期：2030 年 10 月
QA/QC	采用国家森林资源调查使用的质量保证和质量控制(QA/QC)程序。即每木检尺株数：胸径(DBH)≥8cm 的应检尺株数不允许有误差；胸径 <8cm 的应检尺株数，允许误差为 5%，但最多不超过 3 株。 胸径测定：胸径≥20cm 的树木，胸径测量误差应小于 1.5%，测量误差 1.5%～3.0% 的株数不能超过总株数的 5%；胸径 <20cm 的树木，胸径测量误差 <0.3cm，测量误差在大于 0.3cm 小于 0.5cm 的株数不允许超过总株数的 5%

数据/参数	H
数据单位	m
应用的公式编号	《方法学》中公式(6)
描述	树高(H)，用于利用材积公式计算林木材积
数据源	野外测定
测定步骤	采用国家森林资源清查或森林规划设计调查使用的标准操作程序

（续）

数据/参数	*H*
监测频率	第一次监测日期：2015 年 1 月 第二次监测日期：2020 年 10 月 第三次监测日期：2025 年 10 月 第四次监测日期：2030 年 10 月
QA/QC	采用国家森林资源调查使用的质量保证和质量控制（QA/QC）程序，树高测量允许误差不大于 5%。

数据/参数	$A_{BURN,i,t}$
数据单位	hm^2
应用的公式编号	《方法学》中公式(25)、公式(26)、公式(27)
描述	第 t 年第 i 层发生火灾的面积
数据源	野外测量或遥感监测
测定步骤	用 1∶10000 地形图或森林经营作业验收图现场勾绘发生火灾危害的面积，或采用符合精度要求的 GPS 和遥感图像测量火灾面积
监测频率	每次森林火灾发生时均须测量
QA/QC	采用国家森林资源调查使用的质量保证和质量控制（QA/QC）程序，面积测量误差不大于 5%

  通过对项目设计文件和监测手册的文件评审及现场访问，审核组确认所有参数的监测方法具有可操作性且符合方法学的要求；质量保证和质量控制程序亦满足方法学的要求，足以保证项目活动产生的减排量可以进行事后报告，并且可以由第三方进行核证。

3.11.2　项目事后分层

  在项目设计文件(第 03 版)中 B.7.2.1 部分对项目的事后分层进行了描述。项目参与方按照实际造林情况将项目林地共分为 9 层，其分层方法符合方法学的相关要求。由于造林项目实践过程中经常会出现树种选择和配置等与项目作业设计中不完全一致的情况，或者也可能存在火灾发生等情况，因此项目分层应在每次监测前确认是否需要进行分层更新或者调整。分层的结果如下表所示：

项目碳层编号	造林树种	面积(亩)
PROJ-1	樟树 18 荷木 20 枫香 18 山杜英 18	2733
PROJ-2	樟树 18 荷木 20 相思 18 火力楠 18	1267
PROJ-3	荷木 26 黎蒴 12 樟树 17 枫香 19	2587
PROJ-4	荷木 31 黎蒴 18 樟树 25	1413
PROJ-5	枫香 16 荷木 20 格木 20 红锥 18	1500
PROJ-6	枫香 20 荷木 32 火力楠 6 樟树 16	811.5
PROJ-7	枫香 26 荷木 23 格木 25	688.5
PROJ-8	荷木 22 枫香 22 樟树 15 红锥 15	1862
PROJ-9	山杜英 40 荷木 14 樟树 10 火力楠 10	138

3.11.3　项目抽样设计

项目设计文件(第 03 版)B.7.2.2 部分对项目抽样设计进行了说明。抽样设计满足 90% 可靠性水平和 90% 的精度要求,样地水平面积为 0.06hm²,均符合方法学中的要求。由于项目抽样面积较小(小于项目面积的 5%),项目参与方选用简化的公式计算了项目所需监测的固定样地数量。公式如下:

$$n = \left(\frac{t_{VAL}}{E}\right)^2 * \left(\sum_i w_i * s_i\right)^2$$

式中:

n　　—项目边界内估算生物质碳储量所需的监测样地数量,无量纲

t_{VAL}　—可靠性指标。在一定的可靠性水平下,自由度为无穷(∞)时查
　　　　t 分布双侧 t 分位数表的 t 值,无量纲

w_i　　—项目边界内第 i 项目碳层的面积权重,无量纲

s_i　　—项目边界内第 i 项目碳层生物质碳储量估计值的标准差,
　　　　tC·hm⁻²

E　　　—项目生物质碳储量估计值允许的误差范围(绝对误差限),
　　　　tC·hm⁻²

i　　　—1,2,3⋯⋯项目碳层

项目参与方按照方法学的要求,采用最优分配法对分配到各层的监测样地数量进行确定,公式如下:

$$n_i = n * \frac{w_i * s_i}{\sum_i w_i * s_i}$$

式中：

  n_i —项目边界内第 i 项目碳层估算生物质碳储量所需的监测样地数量，无量纲

根据审核组技术专家的林业调查专业经验，当造林地块树种不多于 3 种时，每层的标准差可以用计入期末该层单位面积生物量碳储量的 30%（即标准差 = 各层单位面积生物量碳储量 × 变动系数）进行估算；当造林地块树种多于 3 种时，每层的标准差可以用计入期末该层单位面积生物量碳储量的 40% 进行估算。为满足每层中统计独立性的要求，应保证每层设置不少于三个固定样地。

审核组查阅了《固定监测样地数计算表》（第 1.1 版）中的全部公式和计算过程，对项目参与方按照上述方法计算出的监测样地数量进行了核查，确定抽样设计中确定的 44 个样地符合方法学的要求，最终确定的每个碳层的监测样地数量具有可操作性。固定样地数量分配如下表所示：

项目碳层编号	样地数	项目碳层编号	样地数
PROJ-1	9	PROJ-6	3
PROJ-2	4	PROJ-7	3
PROJ-3	8	PROJ-8	6
PROJ-4	3	PROJ-9	3
PROJ-5	5	合计	44

3.11.4 项目样地设置

项目设计文件（第 03 版）中 B.7.3 部分对项目监测计划的其他要素进行了描述，包括样地设置、监测频率、项目碳汇量的监测、项目活动的监测、林木生物质碳储量的监测、项目边界内温室气体排放量增加的监测、项目减排量、精度控制与校正、以及监测组织架构与职责等。

项目参与方按照方法学的要求，对固定样地的选择采用随机起点的系统设置方式，选取面积为 $0.06hm^2$（$20m \times 30m$），同时保证样地边缘离地块边缘大于 10m；通过 GPS 记录固定监测样地的坐标，并在每个监测期利用 GPS 的记录进行复位监测，实现固定样地复位率达 100%。此外，项目参与方选择设置的监测频率为在 2011 年~2030 年的固定 20 年计入期内对固定样地监测 4 次，满足方法学中"固定样地的监测频率为每 3~10 年一次"的要求，监测时间如下表所示：

监测次数	监测时间
第一次	2015 年 1 月
第二次	2020 年 10 月
第三次	2025 年 10 月
第四次	2030 年 10 月

　　根据方法学要求，由于基准线碳汇量在项目设计文件中是通过事前计算确定的，因此不需对基准线碳汇量进行监测；项目碳汇量则选择按照固定样地的分层抽样的方法进行监测，监测林木地上生物量和地下生物量两个碳库的变化量。通过实地调查和采用广东省森林资源调查常用数表中的二元材积方程对树种碳储量进行计算，并最终确定指定期限内的碳储量变化量。

3.11.5 项目边界的监测

　　对于项目活动的监测，项目参与方说明对运行期内的森林经营活动和森林灾害的发生情况、项目边界和发生面积进行监测和详细记录，满足方法学中对于项目活动监测的相关内容。对于发生毁林、火灾或病虫害等导致土地利用变化的地块，一经确定，项目参与方说明将这些地块移出项目边界，并在后续不再纳入这些地块。

　　项目设计文件中对于林木生物质碳储量的监测共包括八个步骤，符合方法学第 6.8 部分林业生物质碳储量的监测要求。

3.11.6 项目边界内的温室气体排放增加量的监测

　　对于可能发生的项目边界内温室气体排放量增加的情况，项目参与方除详细记录火灾发生的时间、面积、地理边界等数据之外，将采用如下的计算方法计算项目边界内因森林火灾燃烧地上林木生物量所引起的项目新增排放量。

$$GHG_{E,t} = GHG_{FF\_TREE,t} + GHG_{FF\_DOM,t}$$

式中：

$GHG_{E,t}$　　　　—第 t 年时，项目边界内温室气体排放的增加量，$tCO_2e \cdot a^{-1}$

$GHG_{FF\_TREE,t}$　—第 t 年时，项目边界内由于森林火灾引起林木地上生物质燃烧造成的非 CO_2 温室气体排放的增加量，$tCO_2e \cdot a^{-1}$

$GHG_{FF\_DOM,t}$　—第 t 年时，项目边界内由于森林火灾引起死有机物燃烧

造成的非 CO_2 温室气体排放的增加量，$tCO_2e \cdot a^{-1}$

t   —1，2，3……项目开始以后的年数，年（a）

森林火灾引起林木地上生物质燃烧造成的非 CO_2 温室气体排放，使用最近一次项目核查时（t_L）划分的碳层、各碳层林木地上生物量数据和燃烧因子进行计算。第一次核查时，无论自然或人为原因引起森林火灾造成林木燃烧，其非 CO_2 温室气体排放量都假定为 0。

$$GHG_{FF\_TREE,t} = 0.001 * \sum_{i=1} \left[A_{BURN,i,t} * b_{TREE,i,t_L} * COMF_i \right.$$
$$\left. * (EF_{CH_4} * GWP_{CH_4} + EF_{N_2O} * GWP_{N_2O}) \right]$$

式中：

$GHG_{FF\_TREE,t}$ —第 t 年时，项目边界内由于森林火灾引起林木地上生物质燃烧造成的非 CO_2 温室气体排放的增加量，$tCO_2e \cdot a^{-1}$

$A_{BURN,t}$ —第 t 年时，第 i 项目碳层发生燃烧的土地面积，hm^2

b_{TREE,i,t_L} —火灾发生前，项目最近一次核查时（第 t_L 年）第 i 项目碳层的林木地上生物量。如果只是发生地表火，即林木地上生物量未被燃烧，则 $B_{TREE,i,t}$ 设定为 0，$t \cdot hm^{-2}$

$COMF_i$ —第 i 项目碳层的燃烧指数（针对每个植被类型），无量纲

EF_{CH_4} —CH_4 排放因子，$gCH_4 \cdot kg^{-1}$

EF_{N_2O} —N_2O 排放因子，$gN_2O \cdot kg^{-1}$

GWP_{CH_4} —CH_4 的全球增温潜势，用于将 CH_4 转换成 CO_2 当量，缺省值25

GWP_{N_2O} —N_2O 的全球增温潜势，用于将 N_2O 转换成 CO_2 当量，缺省值298

i —1，2，3……项目碳层，根据第 t_L 年核查时的分层确定

t —1，2，3……项目开始以后的年数，年（a）

0.001 —将 kg 转换成 t 的常数

森林火灾引起死有机物质燃烧造成的非 CO_2 温室气体排放，应使用最近一次核查（t_L）的死有机质碳储量来计算。第一次核查时由于火灾导致死有机质燃烧引起的非 CO_2 温室气体排放量设定为 0，之后核查时的非 CO_2 温室气体排放量计算如下：

$$GHG_{FF\_DOM,t} = 0.07 * \sum_{i=1} \left[A_{BURN,i,t} * (C_{DW,i,t_L} + C_{LI,i,t_L}) \right]$$

式中：

$GHG_{FF\_DOM,t}$ ——第 t 年时，项目边界内由于森林火灾引起死有机物燃烧造成的非 CO_2 温室气体排放的增加量，$tCO_2e \cdot a^{-1}$

$A_{BURN,i,t}$ ——第 t 年时，第 i 项目碳层发生燃烧的土地面积，hm^2

C_{DW,i,t_L} ——火灾发生前，项目最近一次核查时（第 t_L 年）第 i 层的枯死木单位面积碳储量，使用第 5.8.3 节的方法计算，$tCO_2e \cdot hm^{-2}$

C_{LI,i,t_L} ——火灾发生前，项目最近一次核查时（第 t_L 年）第 i 层的枯落物单位面积碳储量，使用第 5.8.4 节的方法计算，$tCO_2e \cdot hm^{-2}$

i ——1，2，3……项目碳层，根据第 t_L 年核查时的分层确定

t ——1，2，3……项目开始以后的年数，年(a)

0.07 ——非 CO_2 排放量占碳储量的比例，使用 IPCC 缺省值(0.07)

审核组通过文件审核确认相关内容与方法学中的要求相符合，计算中用于计算项目树种的相关材积方程引用正确，公式选取理由恰当充分，监测方法和计算步骤具有可操作性。

3.11.7　项目组织架构

对于项目的监测组织构架与职责，广东翠峰园林绿化有限公司专门成立了监测工作组，连同咨询机构一起，负责项目的监测记录和报告编写。其组织结构图如下：

经过文件审查和现场访问，审核组确认本项目监测活动设计权责清晰、组织有序、具有可操作性、适合林业项目活动的需要，可以长期开展和实施。

文件评审时审核组发现，项目设计文件(第 01 版)中项目监测计划部分未包括组织架构、相关方职责和数据收集保存的相关程序。对此，审核组开具了澄清要求 9。项目委托方在项目设计文件(第 03 版，2014 年 07 月 01 日)中补充完善了监测计划，增加了关于组织架构、相关方职责和数据收集保存部分的描述。审核组检查了修订后的项目设计文件(第 03 版，2014 年 07 月 01 日)，确认监测计划部分内容与方法学的要求相符合。因此，澄清要求 9 关闭。

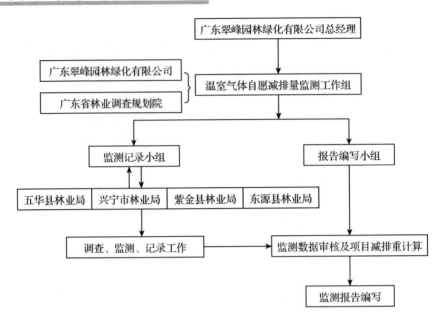

图 1　监测组织架构

3.12　利益相关方意见

拟议项目的利益相关方评价意见的收集工作于 2010 年 11 月 8 ~ 10 日通过"问卷调查"的方式进行，调查对象来自项目涵盖的区域五华县、兴宁县、紫金县、东源县林业局工作人员和拥有土地使用权的村民代表，共发放 80 份问卷，收回 80 份，回收率 100%。

审核组检查了回收的调查问卷，调查结果表明当地利益相关方对本项目的支持态度，并且项目委托方充分考虑了调查问卷中收集到的当地利益相关方的意见。项目未收到负面评价和意见。审核组的现场访问结果也表明拟议项目得到了当地利益相关方的支持。

经过文件审查和现场访问，审核组确认本项目充分考虑了当地利益相关方的评论，项目设计文件中的总结描述完整、正确。

文件评审时审核组发现，项目设计文件(第 01 版)中对于当地利益相关方调查对象选择的合理性和代表性说明不足，对此，审核组开具了澄清要求10。项目委托方在项目设计文件(第 03 版)中补充说明了被调查对象的性别、年龄、受教育程度等背景信息。审核组检查了修订后的项目设计文件(第 03 版)，确认当地利益相关方的评论的收集具有代表性和合理性。因此，澄清要求 10 关闭。

4 审定结论

　　中环联合(北京)认证中心有限公司(CEC)根据《温室气体自愿减排交易管理暂行办法》、《温室气体自愿减排项目审定与核证指南》和碳汇造林项目方法学的相关要求,对广东翠峰园林绿化有限公司的"广东长隆碳汇造林项目"项目进行审定。

　　CEC 审定了拟议项目的项目设计文件、造林作业设计、造林项目合同等支持性文件,并通过现场访问和交叉校核等方式,确认拟议项目符合温室气体自愿减排项目的相关要求。

　　拟议项目属于碳汇造林项目,项目位于广东省梅州市五华县转水镇、华城镇,兴宁市径南镇、永和镇、叶塘镇;河源市紫金县附城镇、黄塘镇、柏埔镇,东源县义合镇,该项目由广东翠峰园林绿化有限公司投资建设和运营。拟议项目建设规模为 13,000 亩,其中,梅州市五华县 4,000 亩(14 个小班)、兴宁市 4,000 亩(9 个小班);河源市紫金县 3,000 亩(26 个小班)、东源县 2,000 亩(10 个小班),共计 59 个小班。拟议项目在项目开始后就会吸收空气中的二氧化碳,产生林业碳汇,实现温室气体的减排。

　　拟议项目申请 CCER 的固定计入期 20 年的减排量。经 CEC 审定,项目设计文件(第 03 版,2014 年 07 月 01 日)中的"广东长隆碳汇造林项目"符合《温室气体自愿减排交易管理暂行办法》、《温室气体自愿减排项目审定与核证指南》以及方法学 AR-CM-001-V01《碳汇造林项目方法学》及相关工具的要求;审定准则中所要求的内容已全部覆盖;项目预期减排量真实合理。

　　拟议项目申请 CCER 的固定计入期的减排量。拟议项目预计年减排量(净碳汇量)为 17,365 吨二氧化碳当量。项目计入期为 2011 年 01 月 01 日至 2030 年 12 月 31 日(含首尾两天,共计 20 年)内的总减排量为 347,292 吨二氧化碳当量。其中:

日期	减排量（tCO$_2$e）
2011 年 01 月 01 日 - 2011 年 12 月 31 日	3，529
2012 年 01 月 01 日 - 2012 年 12 月 31 日	16，361
2013 年 01 月 01 日 - 2013 年 12 月 31 日	26，596
2014 年 01 月 01 日 - 2014 年 12 月 31 日	30，626
2015 年 01 月 01 日 - 2015 年 12 月 31 日	30，787
2016 年 01 月 01 日 - 2016 年 12 月 31 日	29，130
2017 年 01 月 01 日 - 2017 年 12 月 31 日	26，779
2018 年 01 月 01 日 - 2018 年 12 月 31 日	24，279
2019 年 01 月 01 日 - 2019 年 12 月 31 日	21，876
2020 年 01 月 01 日 - 2020 年 12 月 31 日	19，668
2021 年 01 月 01 日 - 2021 年 12 月 31 日	17，684
2022 年 01 月 01 日 - 2022 年 12 月 31 日	15，920
2023 年 01 月 01 日 - 2023 年 12 月 31 日	14，361
2024 年 01 月 01 日 - 2024 年 12 月 31 日	12，985
2025 年 01 月 01 日 - 2025 年 12 月 31 日	11，769
2026 年 01 月 01 日 - 2026 年 12 月 31 日	10，694
2027 年 01 月 01 日 - 2027 年 12 月 31 日	9，742
2028 年 01 月 01 日 - 2028 年 12 月 31 日	8，895
2029 年 01 月 01 日 - 2029 年 12 月 31 日	8，141
2030 年 01 月 01 日 - 2030 年 12 月 31 日	7，468
总计	347，292

综上，CEC 推荐该项目备案为温室气体自愿减排项目。

北京，2014 年 07 月 02 日　　　　北京，2014 年 07 月 02 日

审核组组长周才华　　　　　　　董事长 宋铁柱

中环联合(北京)认证中心有限公司（CEC）

5 参考文献

1. 项目设计文件第 01 版，2013 年 11 月 29 日

2. 项目设计文件第 02 版，2014 年 03 月 28 日

3. 项目设计文件第 03 版，2014 年 07 月 01 日

4. 广东翠峰园林绿化有限公司企业法人营业执照

5. 广东翠峰园林绿化有限公司组织机构代码证

6. 广东长隆碳汇造林项目作业设计文件(广东省林业调查规划院，2010 年 10 月)

7. 广东省林业调查规划院资质证书

8. 广东省林业厅关于广东长隆碳汇造林项目作业设计的批复，2010 年 11 月 05 日

9. 自愿减排项目备案申请函

10. 温室气体自愿减排项目备案申请表

11.《关于开发广东碳汇造林项目碳汇减排量的决议》，2010 年 11 月 06 日

12.《关于开发广东碳汇造林项目碳汇减排量的补充决议》，2012 年 08 月 10 日

13. 广东翠峰园林绿化有限公司、东源县林业局和东源县义合镇南浩苗圃场三方签署《广东长隆碳汇造林项目施工合同书》，2011 年 1 月 1 日

14. 广东翠峰园林绿化有限公司、五华县林业局和五华县华林造林服务有限公司三方签署《广东长隆碳汇造林项目施工合同书》，2011 年 1 月 1 日

15. 广东翠峰园林绿化有限公司、兴宁市林业局和兴宁市绿胜园林绿化有限公司三方签署《广东长隆碳汇造林项目施工合同书》，2011 年 1 月 1 日

16. 广东翠峰园林绿化有限公司、紫金县林业局和紫金县绿林营林服务有限公司三方签署《广东长隆碳汇造林项目施工合同书》，2011 年 1 月 1 日

17. 五华县林业局出具五华县"广东长隆碳汇造林项目"的《开工证明》，明确五华县造林开工建设日期为 2011 年 1 月 4 日

18. 兴宁市林业局出具兴宁市"广东长隆碳汇造林项目"的《开工证明》，明确兴宁市造林开工建设日期为 2011 年 1 月 5 日

19. 东源县林业局出具东源县"广东长隆碳汇造林项目"的《开工证明》，明确东源县造林开工建设日期为 2011 年 1 月 8 日

20. 紫金县林业局出具紫金县"广东长隆碳汇造林项目"的《开工证明》，明确紫金县造林开工建设日期为 2011 年 1 月 7 日

21. 兴宁市林业局完成兴宁市"广东长隆碳汇造林项目"竣工验收，并出具《广东长隆碳汇(兴宁市)造林项目竣工验收报告》，2011 年 6 月 7 日

22. 紫金县林业局完成紫金县"广东长隆碳汇造林项目"竣工验收，并出具《紫金县广东长隆碳汇造林项目竣工报告》，2011 年 9 月 28 日

23. 东源县林业局完成东源县"广东长隆碳汇造林项目"竣工验收，并出具《东源县广东长隆

碳汇造林项目竣工报告》，2011 年 12 月 10 日

24. 五华县林业局完成五华县"广东长隆碳汇造林项目"竣工验收，并出具《广东长隆碳汇(五华县)造林项目竣工验收报告》，2012 年 5 月 20 日

25. 广东省林业调查规划院完成"广东长隆碳汇造林项目"验收工作，并出具《广东长隆碳汇造林项目建设成效核查报告》，2011 年 6 月

26. 关于拟议项目在其他国际国内减排机制注册情况的声明，2013 年 11 月 03 日

27. 项目资金来源证明(广东省林业厅 2013 年 12 月 31 日)

28. 广东长隆碳汇造林项目减排量计算表计算表格(02 版，2014 年 07 月 01 日)

29. CDM 项目"广西西北部地区退化土地再造林项目"PDD

30. 张治军(2009). 广西造林再造林固碳成本效益研究[博士学位论文]

31. 固定监测样地数计算表，第 1.1 版

32. 广东长隆碳汇造林项目监测手册(第 1.0 版)

33. 广东省森林资源调查常用数表

34.《温室气体自愿减排项目审定与核证指南》(发改办气候[2012]2862 号，2012 年 10 月 9 日)

35.《温室气体自愿减排交易管理暂行办法》(发改办气候[2012]1668 号，2012 年 6 月 13 日)

36. 方法学 AR-CM-001-V01《碳汇造林项目方法学》

37.《中华人民共和国气候变化第二次国家信息通报》"土地利用变化和林业温室气体清单"

38. 2006 IPCC 国家温室气体清单指南：农业、林业和其它土地利用

39. 中国自愿减排交易信息平台 http：//203.207.195.145：92/

40. UNFCCC 网站 http：//cdm.unfccc.int

41. GS 网站 http：//www.cdmgoldstandard.org/

42. VCS 网站 http：//v-c-s.org/

附件1　审定清单

审定要求	审定发现	审定结论
1 项目合格性		
1.1 项目与《温室气体自愿碳减排交易管理暂行办法》第十三条的符合性	通过查阅《作业设计》、《关于广东长隆碳汇造林项目作业设计的批复》、《广东长隆碳汇造林项目建设成效核查报告》、《开工证明》和《广东长隆碳汇造林项目施工合同书》（具体清单请见第5部分参考文献）确认项目的开始日期为2011年1月1日（即《广东长隆碳汇造林项目施工合同书》的签订日期）且开工建设日期为2011年1月4日~2011年1月8日，属于2005年2月16日之后开工建设的项目。 通过查阅项目设计文件，确认使用的方法学为AR-CM-001-V01《碳汇造林项目方法学》，因此拟议项目属于采用经国家主管部门备案的方法学开发的自愿减排项目。 拟议项目符合《温室气体自愿碳减排交易管理暂行办法》第十三条的有关规定。 澄清要求1： 请提供拟议项目开始日期和开工建设日期。	~~澄清要求1~~ 提交备案申请前，澄清要求1已经关闭。 符合
1.2 审定委托方是否声明所审定的项目没有在联合国清洁发展机制之外的其他国际国内减排机制已经注册	审核组查阅了项目委托方关于拟议项目未在其他国际国内减排机制注册情况的声明，声明"拟议项目除申请成为国内自愿减排项目外，没有在其他国际或国内减排机制进行重复申请"。此外，审核组通过查阅UNFCCC、GS、VCS等网站，确认"广东长隆碳汇造林项目"未在其他国际国内减排机制注册。	符合
2 项目设计文件		
2.1 项目是否依据经过国家发展和改革委员会批准的格式和指南编制	通过全面检查项目设计文件，确认项目设计文件的格式与模板一致，编制符合《指南》要求。	符合
2.2 项目设计文件内容是否完整清晰	澄清要求2： 请根据项目设计模板要求，添加A.8部分"林业项目减排量非持久性问题的解决方法"的内容。	~~澄清要求2~~ 提交备案申请前，澄清要求2已经关闭。 符合
3 项目描述		

（续）

审定要求	审定发现	审定结论
3.1 项目设计文件是否清楚地描述了项目活动以使读者能够清楚的理解项目本质	项目设计文件A.1.章节清楚地描述了拟议项目活动的概况。拟议项目位于广东省梅州市五华县转水镇、华城镇，兴宁市径南镇、永和镇、叶塘镇；河源市紫金县附城镇、黄塘镇、柏埔镇，东源县义合镇，是一个碳汇造林项目，由广东翠峰园林绿化有限公司投资建设和运营。拟议项目建设规模为13,000亩（其中，梅州市五华县4,000亩（9个小班）、兴宁市4,000亩（14个小班）；河源市紫金县3,000亩（26个小班）、东源县2,000亩（10个小班），共包括59个小班。造林项目所涉及的碳库包括：地上生物量、地下生物量、枯落物、枯死木和土壤有机质，从长远来看，造林都会增加这五个碳库的碳储量，实现增汇减排。预计拟议项目20年固定计入期结束时共增汇减排347,292tCO_2e，年均增汇减排量约为17,365 t CO_2e/年。审核组通过检查可行性研究报告等文件和现场访问确定了以上描述是完整和准确的。 澄清要求3： 请在项目设计文件（PDD）中A2.4部分提供项目所有59个小班的地理坐标范围。	澄清要求3提交备案申请前，澄清要求3已经关闭。 符合
3.2 项目设计文件是否清楚地描述了项目活动应用的主要技术和其执行情况	项目设计文件A.4.章节清楚地描述了项目活动采用的技术标准和造林模式。 拟议项目采用的技术标准为： （1）碳汇造林技术规定（试行）（国家林业局，办造字〔2010〕84号）； （2）碳汇造林检查验收办法（试行）（国家林业局，办造字〔2010〕84号）； （3）《国家森林资源连续清查技术规定》（林资发〔2004〕25号）； （4）《森林资源规划设计调查技术规程》（GB/T 26424－2010）； （5）GB/T15776－2006造林技术规程； （6）LY/T1607－2003造林作业设计规程； （7）GB/T18337.3生态公益林建设技术规程； （8）GB/T15781－2009森林抚育规程； （9）广东长隆碳汇造林项目作业设计（2010年10月） 结合造林地的立地条件以及各县近年来的造林经验，每亩按74株进行植苗，主要选用樟树、荷木、枫香、山杜英、相思、火力楠、红锥、格林、黎蒴9个树种进行随机混交种植。 澄清要求4： 请在项目设计文件中添加拟议项目的主要事件列表。	澄清要求4提交备案申请前，澄清要求4已经关闭。 符合
3.3 是否描述了项目活动的规模类型	拟议项目属于碳汇造林项目，梅州市五华县4,000亩（9个小班）、兴宁市4,000亩（14个小班）；河源市紫金县3,000亩（26个小班）、东源县2,000亩（10个小班），共包括59个小班。	符合
3.4 项目活动属于新建项目还是在现有项目上实施	拟议项目属于新建项目。	符合
4 方法学选择		

（续）

审定要求	审定发现	审定结论
4.1 项目选用的基准线和监测方法学是否在国家发展和改革委员会备案的新方法学	拟议项目使用的方法学为 AR-CM-001-V01《碳汇造林项目方法学》，该方法学属于在国家发展和改革委员会备案的新方法学。	符合
4.2 方法学的适用条件是否得到满足	通过文件审核(查阅《作业设计》、《关于广东长隆碳汇造林项目作业设计的批复》、《广东长隆碳汇造林项目建设成效核查报告》、《碳汇造林项目林地权属证明》、《碳汇造林项目土地合格性证明》、《开工证明》、《广东长隆碳汇造林项目施工合同书》和林权证)和现场访问确认拟议项目满足本方法学的适用条件。	符合

No.	方法学适用条件	审定证据	审定意见
1	项目活动的土地是2005年2月16日以来的无林地。造林地权属清晰，具有县级以上人民政府核发的土地权属证书；	(1)根据《作业设计》中各造林点基线调查表的调查结果，当前造林项目地块严重退化，而且仍在继续退化或稳定在一个"低碳"状态。大部分土地当前为草本植物、灌木和零星分布的乔木覆盖。树冠覆盖度低于森林标准。另外，在没有拟议的造林项目的情况下，项目地也无法达到森林的标准。由于天然种源匮乏，无法实现天然更新，不能达到森林标准。 (2)根据县/市林业局出具的《碳汇造林项目土地合格性证明》，确认项目活动的土地是2005年2月16日以来的无林地。 ——五华县林业局于2010年6月13日出具的《碳汇造林项目土地合格性证明》； ——紫金县林业局于2010年6月5日出具的《碳汇造林项目土地合格性证明》； ——东源县林业局于2010年6月12日出具的《碳汇造林项目土地合格性证明》； ——兴宁林业局于2010年6月12日出具的《碳汇造林项目土地合格性证明》。 (3)根据县/市林业局出具的"广东长隆碳汇造林项目"的《开工证明》，确认拟议项目的开工建设日期为2011年1月，属于2005年2月16日之后开工建设的项目。 ——五华县林业局出具五华县"广东长隆碳汇造林项目"的《开工证明》，明确五华县造林开工建设日期为2011年1月4日； ——兴宁市林业局出具兴宁市"广东长隆碳汇造林项目"的《开工证明》，明确兴宁市造林开工建设日期为2011年1月5日； ——东源县林业局出具东源县"广东长隆碳汇造林项目"的《开工证明》，明确东源县造林开工建设日期为2011年1月8日；	满足条件

（续）

审定要求	审定发现			审定结论
4.2 方法学的适用条件是否得到满足	（续）			符合
	No.	方法学适用条件	审定证据	审定意见
	1	项目活动的土地是2005年2月16日以来的无林地。造林地权属清晰，具有县级以上人民政府核发的土地权属证书；	——紫金县林业局出具紫金县"广东长隆碳汇造林项目"的《开工证明》，明确紫金县造林开工建设日期为2011年1月7日。(4)根据各县/市人民政府出具的《碳汇造林项目林地权属证明》和现场核查造林地林权证，确认拟议项目造林地权属清晰，具有县级以上人民政府核发的土地权属证书。	满足条件
	2	项目活动的土地不属于湿地和有机土的范畴；	根据《作业设计》的描述和现场勘查确认，项目活动的土壤类型为赤红壤或红壤，不属于湿地和有机土的范畴。	满足条件
	3	项目活动不违反任何国家有关法律、法规和政策措施，且符合国家造林技术规程；	(1)拟议项目《作业设计》严格遵循《造林技术规程》(GB/T15776–2006)、《造林作业设计规程》(LY/T1607–2003)和《生态公益林建设技术规程》(GB/T18337.3)等规程和标准；(2)2010年11月5日，广东省林业厅下发《关于广东长隆碳汇造林项目作业设计的批复》；(3)2012年6月，广东省林业调查规划院完成"广东长隆碳汇造林项目"验收工作，并出具《广东长隆碳汇造林项目建设成效核查报告》。经文件审核和现场访问，审核组确认项目活动不违反任何国家有关法律、法规和政策措施，且符合国家造林技术规程。	满足条件
	4	项目活动对土壤的扰动符合水土保持的要求，如沿等高线进行整地、土壤扰动面积比例不超过地表面积的10%、且20年内不重复扰动；	根据《作业设计》以及审核组现场访问情况，审核组确认拟议项目采用穴状整地，沿等高线进行整地。植穴规格采用50×50×40 cm，按每亩74株的造林密度，土壤扰动面积比例远远低于地表面积的10%。另外，现场访问时确认，除死掉树苗补种时需整地外，项目期内不重复扰动。	满足条件

（续）

审定要求	审定发现				审定结论
	（续）				
	No.	方法学适用条件	审定证据	审定意见	
	5	项目活动不采取烧除的林地清理方式(炼山)以及其它人为火烧活动;	《作业设计》中规定碳汇造林工程禁止炼山和全垦整地。现场访问了当地县/市林业局工作人员、施工单位人员和当地村民，确认拟议项目采用块状(1平方米左右)割杂的方式清理林地，未采取炼山以及其他人为火烧方式清理林地。	满足条件	
	6	项目活动不移除地表枯落物、不移除树根、枯死木及采伐剩余物;	根据《作业设计》和现场访问的情况，现场访问了当地县/市林业局工作人员、施工单位人员和当地村民，审核组确认拟议项目活动不移除地表枯落物、不移除树根、枯死木及采伐剩余物。	满足条件	
	7	项目活动不会造成项目开始前农业活动(作物种植和放牧)的转移。	根据《作业设计》基线调查表的调查结果和现场访问当地村民的情况，审核组确认拟议项目所涉及地块无农业活动。	满足条件	
4.3 项目活动是否期望产生方法学规定以外的减排量	依据方法学 AR-CM-001-V01《碳汇造林项目方法学》，经过检查项目设计文件以及现场访问，审核组确定没有发现项目活动期望产生方法学规定以外的减排量。				符合
4.4 是否需要向国家发展和改革委员会提出修订或偏移	拟议项目满足本方法学的适用条件，因此不需要向国家发展和改革委员会提出修订或偏移请求。				符合
5 项目边界确定					
5.1 项目边界是否正确描述	根据方法学的规定，造林项目活动的"项目边界"是指，由拥有土地所有权或使用权的项目参与方实施的造林项目活动的地理范围，也包括以造林项目产生的产品为原材料生产的木产品的使用地点(拟议项目不涉及)。项目边界包括事前项目边界和事后项目边界。事前项目边界是在项目设计和开发阶段确定的项目边界，是计划实施造林项目活动的地理边界。 根据方法学中的选项，拟议项目选取选项"(3)使用比例尺不小于1:10000 的地形图进行现场勾绘，结合 GPS 或其它卫星定位系统进行精度控制。"审核组核查了由广东省林业调查规划院提交的项目边界矢量图形文件，并确定了拟议项目的坐标区域审核组确认项目边界的描述是正确的。 另外，事后项目边界是在项目监测时确定的、项目核查时核实的、实际实施的项目活动的边界。事后项目边界可采用方法学中的选项(1)或(2)方法之一进行，面积测定误差不超过5%。				符合

(续)

审定要求	审定发现	审定结论
5.2 包括在项目边界内的拟议项目活动的物理特征是否清楚地描述	通过文件审核和现场访问，审核组确认包括在项目边界内的拟议项目活动的物理特征已经清楚地被描述，且符合基准线方法学的要求。	符合
5.3 是否存在由项目活动引起的但未在方法学中说明的排放源	通过文件审核和现场访问，审核组确认不存在由项目活动引起的但未在方法学中说明的排放源。	符合
6 基准线识别		

审定要求	审定发现	审定结论
6.1 项目设计文件识别的项目基准线是否适宜	审核组查阅了当地土地利用情况的记录、实地调查资料、《作业设计》、利益相关方提供的数据和反馈信息等资料，并且现场访问了当地林业局工作人员和土地所有者，以确认可能的土地利用情景。具体分析如下：	符合

审定过程	基准线识别分析
现场访问当地林业局工作人员；现场访问《作业设计》编制单位广东省林业调查规划院；文件审核《作业设计》基线调查表。	拟议项目边界内的土地为退化的低生产力的荒地。树木和非树木的植被覆盖度在过去几十年一直呈下降趋势，主要原因是土地退化和水土流失。另外，由于与临近的林地距离较远，因此能传播到项目上的种源很少实地调查表明不可能发生树木的天然更新。拟议项目边界内植被覆盖主要是草本、灌木和零星的乔木。根据当地的土地利用规划，所有项目边界内的土地都属林业用地。目前地块内散生乔木覆盖率也不足20%，达不到森林定义标准。天然更新也无法使项目地在未来能够达到20%的森林定义标准。
访问土地所有者（当地村民）。	可能的土地利用方式是保持当前的土地利用状态(维持荒地的状态)或进行植树造林活动，因为这些荒地的利用受到政府的限制。例如，农、牧业活动是不允许的。

综上所述，审核组确认拟议项目PDD中所识别的基准线情景是完整、合理的，具体如下：
情景1：项目区将长期保持当前的宜林荒山荒地状态；
情景2：开展非碳汇造林的项目。

审定要求	审定发现	审定结论
6.2 方法学中规定的识别的最合理的基准线情景的步骤是否正确使用	是的，识别基准线情景是遵照方法学中的规定进行的。	符合
6.3 是否所有的替代方案都被考虑到了，并且没有合理的替代方案被排除在外	是的，经文件审核和现场访问，审核组确认所有的替代方案都被考虑到了，没有合理的替代方案被排除在外。	符合

（续）

审定要求	审定发现	审定结论
7 额外性		
7.1 项目业主如何事先考虑减排机制的	通过查阅《开工证明》、《广东长隆碳汇造林项目施工合同书》（具体清单请见第 5 部分参考文献）确认项目的开始日期为 2011 年 1 月 1 日（即《广东长隆碳汇造林项目施工合同书》的签订日期）。拟议项目的项目设计文件的公示日期为 2013 年 12 月 16 日，项目活动的开始时间早于项目设计文件的公示时间。通过检查《关于广东长隆碳汇造林项目减排量开发的决议》和《关于广东长隆碳汇造林项目减排量开发的补充决议》，审核组确定拟议项目的活动目的是为了实现温室气体减排。 通过检查拟议项目《作业设计》、《关于广东长隆碳汇造林项目作业设计的批复》和《广东长隆碳汇造林项目建设成效核查报告》，审核组发现在作业设计阶段，拟议项目就已经考虑了减排效益，并且持续寻求减排机制的支持。 澄清要求 5： 请在项目设计文件中，添加项目如何持续寻求减排机制的支持的论述。	~~澄清要求 5~~ 提交备案申请前，澄清要求 5 已经关闭。 符合
7.2 用于支持额外性论证所有数据、基本原理、假设、论证和文件是否是可靠和可信的	用于支持额外性论证所有数据、基本原理、假设、论证和文件都已经在项目设计文件的 B.5 章节论述。通过检查这些数据、基本原理、假设、论证和文件，并且与审核组掌握的资料进行交叉验证，审核组确定用于支持额外性论证所有数据、基本原理、假设、论证和文件是可靠和可信的。	符合
7.3 项目设计文件是否识别了项目活动可信的替代方案	审核组根据本地及行业经验判断，拟议项目 PDD 中所识别的基准线情景代替方案包括 2 种情景，识别是完整和可靠的： 情景 1：项目区将长期保持当前的宜林荒山荒地状态； 情景 2：开展非碳汇造林的项目。	符合
7.4 障碍分析是否用于论证项目的额外性，如何论证的	根据方法学（AR-CM-001-V01）的要求，对识别出的基准线土地利用情景进行障碍分析，识别可能会存在的障碍。这里的"障碍"是指至少会阻碍其中一种土地利用情景实现的障碍，具体分析如下：	~~不符合 2~~ 提交备案申请前，不符合 2 已经关闭。 符合

（7.4 栏内表格：）

No.	障碍种类	描述	审核证据	审定意见
1	投资障碍	对于情景 2，开展非碳汇造林的项目，一直以来由于缺少财政补贴或非商业投资，存在投资障碍，因此将情景 2 剔除。保留的情景只有情景 1，因此情景 1 为基准线情景。	中国绿色碳汇基金会出具的《广东长隆碳汇造林项目资助证明》；广东省林业厅出具的《广东长隆碳汇造林项目资金证明》《作业设计》；现场访问项目业主和当地林业主管部门；	情景 2 存在投资障碍，被排除

（续）

审定要求	审定发现				审定结论
				（续）	
	No.	障碍种类	描述	审核证据	审定意见
	2	技术障碍	对于情景2，缺少必需的种苗等造林材料和相关造林技术，另外接受过良好技术培训的劳动力也不足。	现场访问广东省林业调查规划院、当地林业主管部门和当地村民；《作业设计》；	情景2存在技术障碍，被排除
	3	生态条件障碍	对于情景2，项目地土壤贫瘠，林木植被覆盖度低，水土流失严重，项目地土地退化，造林存在生态条件障碍。	现场访问广东省林业调查规划院、当地林业主管部门和当地村民；《作业设计》；《碳汇造林项目土地合格性证明》；	情景2存在生态条件障碍，被排除

据此，审核组确认情景2存在资金障碍、技术障碍和生态条件障碍。而两种土地利用情景中，情景1不存在任何障碍，因此根据方法学要求，情景1是基线情景。

不符合2：
请进一步澄清项目所面临的投资障碍以确保项目的额外性。

审定要求	审定发现	审定结论
7.5 投资分析是否用于论证项目的额外性，如何论证的	根据方法学 AR-CM-001-V01《碳汇造林项目方法学》的要求，先对拟议项目进行障碍分析后，如果不受任何障碍影响的土地利用情景有多个时，采取投资分析。拟议项目在进行障碍分析后得出唯一的土地利用情景，因此，可不采用投资分析论证拟议项目的额外性。	符合
7.6 申请项目是否属于普遍实践，如何论证的	由于政府规定项目地为林业用地，其它非林业范畴的土地利用方式（如农地、放牧地等）是不被允许的。拟议项目地区位于广东东部山区，属于经济欠发达地区，地方财政比较紧张，没有资金投资造林；项目地土壤贫瘠，林木植被覆盖度低，水土流失严重，项目地土地退化，造林存在生态条件障碍；此外，碳汇林项目选用乡土树种，经济回报低，因此没有吸引力。在这种背景下，项目地在近来将保持当前的宜林荒山荒地的状态，即基准线情景。在没有拟议碳汇造林项目时，普遍性做法仍然是维持不用任何投资造林的宜林荒山荒地状态。而通过实施拟议的碳汇造林项目，不仅为当地带来资金、技术，通过项目培训，提高当地劳动力的造林及营林技能，而且能够提高项目区林地生产力，增加森林面积和蓄积，从而实现增加净碳汇量、保护生物多样性、涵养水源、增加农民收入等多功能经营的目标。因此，拟议的碳汇造林项目活动不是普遍性做法。审核组检查了论述中提到的文件资料，基于行业以及本地经验，确定普遍性分析是合理的，因此得出的结论是拟议项目不具备普遍性。	符合
8 减排量计算		

审定要求	审定发现	审定结论
8.1 项目排放所采取的步骤和应用的计算公式是否符合方法学，计算是否正确，所用到的参数包括哪些	审核组确认在确定项目碳汇量时，所采取的步骤和应用的计算公式符合方法学的要求。 按照方法学，项目碳汇量，等于拟议的项目活动边界内各碳库中碳储量变化之和，减去项目边界内产生的温室气体排放的增加量，公式如下：$\Delta C_{ACTURAL,t} = \Delta C_{P,t} - GHG_{E,t}$ 式中： $\Delta C_{ACTURAL,t}$　——第 t 年时的项目碳汇量，$tCO_2e \cdot a^{-1}$ $\Delta C_{P,t}$　——第 t 年时项目边界内所选碳库的碳储量变化量，$tCO_2e \cdot a^{-1}$ $GHG_{E,t}$　——第 t 年时由于项目活动的实施所导致的项目边界内非 CO_2 温室气体排放的增加量，项目事前预估时设为 0，$tCO_2e \cdot a^{-1}$ 第 t 年时，项目边界内所选碳库碳储量变化量的计算方法如下： $\Delta C_{P,t} = \Delta C_{TREE\_PROJ,t} + \Delta C_{SHRUB\_PROJ,t} + \Delta C_{DW\_PROJ,t} + \Delta C_{LI\_PROJ,t} + \Delta SOC_{AL,t} + \Delta C_{HWP\_PROJ,t}$ 式中： $\Delta C_{P,t}$　——第 t 年时，项目边界内所选碳库的碳储量变化量，$tCO_2e \cdot a^{-1}$ $\Delta C_{TREE\_PROJ,t}$　——第 t 年时，项目边界内林木生物质碳储量变化量，$tCO_2e \cdot a^{-1}$ $\Delta C_{SHRUB\_PROJ,t}$　——第 t 年时，项目边界内灌木生物质碳储量变化量，$tCO_2e \cdot a^{-1}$ $\Delta C_{DW\_PROJ,t}$　——第 t 年时，项目边界内枯死木碳储量变化量，$tCO_2e \cdot a^{-1}$ $\Delta C_{LI\_PROJ,t}$　——第 t 年时，项目边界内枯落物碳储量变化量，$tCO_2e \cdot a^{-1}$ $\Delta SOC_{AL,t}$　——第 t 年时，项目边界内土壤有机碳储量变化量，$tCO_2e \cdot a^{-1}$ $\Delta C_{HWP\_PROJ,t}$　——第 t 年时，项目情景下收获木产品碳储量变化量，$tCO_2e \cdot a^{-1}$ 根据本《方法学》的适用条件，在无林地上造林，基线情景下的枯死木、枯落物、土壤有机质和木产品碳库的变化量可以忽略不计，统一视为 0。为保护生物多样性，在造林时尽量保留原有的灌木，基于成本有效性原则，在基线情景和项目情景均不计量、监测灌木碳储量变化量，将灌木碳储量变化量设定为 0。 项目边界内林木生物质碳储量的变化 按照方法学，项目边界内林木生物质碳储量变化（$\Delta C_{TREE\_PROJ,t}$）的计算方法如下： $\Delta C_{TREE\_PROJ,t} = \sum_{i=1} \Delta C_{TREE\_PROJ,i,t}$ $= \sum_{i=1} \left(\dfrac{C_{TREE\_PROJ,i,t_2} - C_{TREE\_PROJ,i,t_1}}{t_2 - t_1} \right)$	~~不符合 1~~ ~~澄清要求 7~~ ~~澄清要求 8~~ 提交备案申请前，不符合 1、澄清要求 7 和澄清要求 8 已经关闭。 符合

审定要求	审定发现	审定结论
	$$C_{TREE\_PROJ,i,t} = \frac{44}{12} * \sum_{j=1} (B_{TREE\_PROJ,i,j,t} * CF_{TREE\_PROJ,j})$$ 式中：	

$\Delta C_{TREE\_PROJ,t}$ —第 t 年时，项目边界内林木生物质碳储量变化量，$tCO_2e \cdot a^{-1}$

$\Delta C_{TREE\_PROJ,i,t}$ —第 t 年时，第 i 项目碳层林木生物质碳储量变化量，$tCO_2e \cdot a^{-1}$

$C_{TREE\_PROJ,i,t}$ —第 t 年时，第 i 项目碳层林木生物质碳储量，tCO_2e

$B_{TREE\_PROJ,i,j,t}$ —第 t 年时，第 i 项目碳层树种 j 的生物量，t

$CF_{TREE\_PROJ,j}$ —树种 j 生物量中的含碳率，$tC \cdot t^{-1}$

t_1，t_2 —项目开始以后的第 t_1 年和第 t_2 年，且 $t_1 \leqslant t \leqslant t_2$

i —1，2，3，…，项目碳层

j —1，2，3，…，树种

t —1，2，3，…，自项目开始以来的年数

项目边界内林木生物量（$B_{TREE\_PROJ,i,j,t}$）的估算，是采用"生物量扩展因子法"来进行计算的，这是与基准线情景一致的。具体公式如下。其中材积量是由已经公开发表可得的树种的蓄积量方程计算得到的。

$$B_{TREE\_PROJ,i,j} = V_{TREE\_PROJ,i,j} * D_{TREE\_PROJ,j} * BEF_{TREE\_PROJ,j} * (1 + R_{TREE\_j} * A_{PROJ,i,j})$$

式中：

$B_{TREE\_PROJ,i,j,t}$ —第 t 年时，第 i 项目碳层树种 j 的林分生物量，t

$V_{TREE\_PROJ,i,j,t}$ —第 t 年，第 i 项目碳层树种 j 的林分蓄积量，将林龄数据代入林分蓄积量生长方程计算得来，$m^3 \cdot hm^{-2}$

$D_{TREE\_PROJ,j}$ —第 i 项目碳层树种 j 的基本木材密度（带皮），$t \cdot m^{-3}$

$BEF_{TREE\_PROJ,j}$ —第 i 项目碳层树种 j 的生物量扩展因子，用于将树干材积转化为林木地上生物量，无量纲

$R_{TREE\_PROJ,j}$ —树种 j 的地下生物量/地上生物量之比，无量纲

$A_{PROJ,i,j}$ —第 i 项目碳层中树种 j 的面积，hm^2

i —1，2，3……项目碳层

j —1，2，3……树种

t —1，2，3……项目活动开始以后的年数

以上公式中材积量（$V_{TREE\_PROJ,i,j,t}$）是由已经公开发表可得的文献中的树种的林分蓄积量方程得到的，如下表所示：

（续）

审定要求	审定发现	审定结论

树种	蓄积量方程	参考文献
阔叶树类	$V = e^{(5.7779 - 10.0688/(A-1))}$	由于当地缺乏适用的造林树种蓄积量生长方程，本项目采用张治军（2009）广西造林再造林固碳成本效益研究［博士学位论文］第119页中有关阔叶树的林分蓄积量生长方程进行事前单位面积林分蓄积量预估。该文献中的枫香、荷木等阔叶树碳储量异速生长方程是用转化系数［$D \times BEF \times (1+R) \times CF$］乘以林分蓄积量生长方程（$V = e^{(5.7779 - 10.0688/(A-1))}$）得到的。经验证，该蓄积量生长方程预测结果符合广东森林连续清查结果。

审核组通过行业专业知识确定项目造林树种（樟树、荷木、枫香、山杜英、相思、火力楠、藜蒴、红椎、格木）这9个树种属于阔叶树种，项目设计文件中的相关假设是合理的。

审核组检查了蓄积量方程的参考文献，确定了在估算过程中所选用的蓄积量方程是正确引用的，而且项目参与方选择的估算方法能够反映项目所在地本地的情况，因此所使用的树种的蓄积量方程是正确且合理的。

1）项目边界内灌木生物质碳储量的变化

如前所述，拟议项目边界内灌木碳储量变化设定为0。

2）项目边界内枯死木碳储量的变化

审核组查看了方法学的有关要求并检查了项目设计文件中的有关论述，确认拟议项目忽略了该碳库的设定是保守的，且符合方法学的要求。因此，拟议项目边界内不考虑枯死木碳储量变化。

3）项目边界内枯落物碳储量的变化

审核组查看了方法学的有关要求并检查了项目设计文件中的有关论述，确认拟议项目忽略了该碳库的设定是保守的，且符合方法学的要求。因此，拟议项目边界内不考虑枯落物碳储量变化。

4）项目边界内土壤有机碳储量的变化

审核组查看了方法学的有关要求并检查了项目设计文件中的有关论述，确认拟议项目忽略了该碳库的设定是保守的，且符合方法学的要求。因此，拟议项目边界内不考虑土壤有机碳储量变化。

5）项目边界内收获木产品碳储量的变化

审核组查看了方法学的有关要求并检查了项目设计文件中的有关论述，确认拟议项目忽略了该碳库的设定是保守的，且符合方法学的要求。因此，拟议项目边界内不考虑收获木产品碳储量变化。

6）项目边界内温室气体排放量的增加量

根据本方法学的适用条件，项目活动不涉及全面清林和炼山等有控制火烧，因此本方法学主要考虑项目边界内森林火灾引起生物质燃烧造成的温室气体排放。

审定要求	审定发现	审定结论
	对于项目事前估计，由于通常无法预测项目边界内的火灾发生情况，因此可以不考虑森林火灾造成的项目边界内温室气体排放，即 $GHG_{E,t}=0$。 对于项目事后估计，项目边界内温室气体排放的估算方法如下： $$GHG_{E,t}=GHG_{FF\_TREE,t}+GHG_{FF\_DOM,t}$$ 式中： $GHG_{E,t}$ ——第 t 年时，项目边界内温室气体排放的增加量，$tCO_2e \cdot a^{-1}$ $GHG_{FF\_TREE,t}$ ——第 t 年时，项目边界内由于森林火灾引起林木地上生物质燃烧造成的非 CO_2 温室气体排放的增加量，$tCO_2e \cdot a^{-1}$ $GHG_{FF\_DOM,t}$ ——第 t 年时，项目边界内由于森林火灾引起死有机物燃烧造成的非 CO_2 温室气体排放的增加量，$tCO_2e \cdot a^{-1}$ t ——1，2，3……项目开始以后的年数，年（a） 按照方法学，森林火灾引起林木地上生物质燃烧造成的非 CO_2 温室气体排放，使用最近一次项目核查时（t_L）划分的碳层、各碳层林木地上生物量数据和燃烧因子进行计算。第一次核查时，无论自然或人为原因引起森林火灾造成林木燃烧，其非 CO_2 温室气体排放量都假定为 0。 $$GHG_{FF\_TREE,t}=0.001*\sum_{i=1}[A_{BURN,i,t}*b_{TREE,i,t_L}*COMF_i*(EF_{CH_4}*GWP_{CH_4}+EF_{N_2O}*GWP_{N_2O})]$$ 式中： $GHG_{FF\_TREE,t}$ ——第 t 年时，项目边界内由于森林火灾引起林木地上生物质燃烧造成的非 CO_2 温室气体排放的增加量，$tCO_2e \cdot a^{-1}$ $A_{BURN,t}$ ——第 t 年时，第 i 项目碳层发生燃烧的土地面积，hm^2 b_{TREE,i,t_L} ——火灾发生前，项目最近一次核查时（第 t_L 年）第 i 项目碳层的林木地上生物量。如果只是发生地表火，即林木地上生物量未被燃烧，则 $B_{TREE,i,t}$ 设定为 0，$t \cdot hm^{-2}$ $COMF_i$ ——第 i 项目碳层的燃烧指数（针对每个植被类型），无量纲 EF_{CH_4} ——CH_4 排放因子，$gCH_4 \cdot kg^{-1}$ EF_{N_2O} ——N_2O 排放因子，$gN_2O \cdot kg^{-1}$ GWP_{CH_4} ——CH_4 的全球增温潜势，用于将 CH_4 转换成 CO_2 当量，缺省值25	

（续）

审定要求	审定发现	审定结论
	GWP_{N_2O}　　　—N_2O 的全球增温潜势，用于将 N_2O 转换成 CO_2 当量，缺省值 298	

i　　　—1，2，3……项目碳层，根据第 t_L 年核查时的分层确定

t　　　—1，2，3……项目开始以后的年数，年（a）

0.001　　　—将 kg 转换成 t 的常数

森林火灾引起死有机物质燃烧造成的非 CO_2 温室气体排放，应使用最近一次核查（t_L）的死有机质碳储量来计算。第一次核查时由于火灾导致死有机质燃烧引起的非 CO_2 温室气体排放量设定为 0，之后核查时的非 CO_2 温室气体排放量计算如下：

$$GHG_{FF\_DOM,t} = 0.07 * \sum_{i=1} \left[A_{BURN,i,t} * (C_{DW,i,t_L} + C_{LI,i,t_L}) \right]$$

式中：

$GHG_{FF\_DOM,t}$—第 t 年时，项目边界内由于森林火灾引起死有机物燃烧造成的非 CO_2 温室气体排放的增加量，$tCO_2e \cdot a^{-1}$

$A_{BURN,i,t}$　　　—第 t 年时，第 i 项目碳层发生燃烧的土地面积，hm^2

C_{DW,i,t_L}　　　—火灾发生前，项目最近一次核查时（第 t_L 年）第 i 层的枯死木单位面积碳储量，使用方法学第 5.8.3 节的方法计算，$tCO_2e \cdot hm^{-2}$

C_{LI,i,t_L}　　　—火灾发生前，项目最近一次核查时（第 t_L 年）第 i 层的枯落物单位面积碳储量，使用方法学第 5.8.4 节的方法计算，$tCO_2e \cdot hm^{-2}$

i　　　—1，2，3……项目碳层，根据第 t_L 年核查时的分层确定

t　　　—1，2，3……项目开始以后的年数，年（a）

0.07　　　—非 CO_2 排放量占碳储量的比例，使用 IPCC 缺省值（0.07）

不符合 1：

请重新计算拟议项目的基线碳汇量、项目碳汇量和项目减排量。

澄清要求 7：

请澄清项目设计文件 B6.2 部分所使用的林木蓄积量生长方程的数据来源，并解释其合理性。

澄清要求 8：

（1）请根据项目实际情况，在项目设计文件 B6.4 部分进一步明确用于计算森林火灾排放所需事前监测参数信息；

（2）请根据项目实际情况，在项目设计文件 B7.3 部分进一步明确项目发生森林时排放量的量化过程。

审定要求	审定发现	审定结论
8.2 基准线排放所采取的步骤和应用的计算公式是否符合方法学，计算是否正确，所用到的参数包括哪些	审核组确认在确定基线碳汇量时，所采取的步骤和应用的计算公式符合方法学的要求。 按照方法学的要求，在无林地上造林，基线情景下的枯死木、枯落物、土壤有机质和木产品碳库的变化量可以忽略不计，审核组通过查阅项目作业设计中的基线调查表确定项目实施前项目所在地为宜林荒山荒地，因此基线情景下的枯死木、枯落物、土壤有机质和木产品碳库的变化量在此统一视为 0。此外，审核组通过查阅项目作业设计以及现场察看确定拟议项目在实施过程中保留了原有的灌木，因此项目设计文件在基线碳汇量和项目碳汇量的计算中关于灌木碳储量变化为 0 的设定是合理的。 根据方法学，基线碳汇量按照以下公式进行计算： $\Delta C_{BSL,t} = \Delta C_{TREE\_BSL,t} + \Delta C_{SHRUB\_BSL,t}$ 式中： $\Delta C_{BSL,t}$ —第 t 年的基线碳汇量，$tCO_2e \cdot a^{-1}$ $\Delta C_{TREE\_BSL,t}$ —第 t 年时，项目边界内基线林木生物质碳储量变化量，$tCO_2e \cdot a^{-1}$ $\Delta C_{SHRUB\_BSL,t}$ —第 t 年时，项目边界内基线灌木生物质碳储量变化量，$tCO_2e \cdot a^{-1}$ 1) 基线林木生物质碳储量的变化 基线林木生物质碳储量的年变化量的计算是基于划分的基线碳层，将各基线碳层的林木生物质碳储量的年变化量进行汇总得到的，具体公式如下： $$\Delta C_{TREE\_BSL,t} = \sum_{i=1} \Delta C_{TREE\_BSL,i,t}$$ 式中： $\Delta C_{TREE\_BSL,i}$ —第 t 年时，基线林木生物质碳储量变化量，$tCO_2e \cdot a^{-1}$ $\Delta C_{TREE\_BSL,i,t}$ —第 t 年时，第 i 基线碳层林木生物质碳储量变化量，$tCO_2e \cdot a^{-1}$ i —1，2，3，…，基线碳层 t —1，2，3，…，自项目开始以来的年数 假定一段时间内（第 t_1 至 t_2 年）基线林木生物量的变化是线性的，基线林木生物质碳储量的年变化量（$\Delta C_{TREE\_BSL,i,t}$）计算如下： $$\Delta C_{TREE\_BSL,i,t} = \frac{C_{TREE\_BSL,i,t_2} - C_{TREE\_BSL,i,t_1}}{t_2 - t_1}$$ 式中： $\Delta C_{TREE\_BSL,i,t}$ —第 t 年时，第 i 基线碳层林木生物质碳储量变化量，$tCO_2e \cdot a^{-1}$ $C_{TREE\_BSL,i,t}$ —第 t 年时，第 i 基线碳层林木生物量的碳储量，tCO_2e	澄清要求 6 提交备案申请前，澄清要求 6 已经关闭。 符合

（续）

审定要求	审定发现	审定结论
	t　　　　　　　　—1，2，3，……自项目开始以来的年数 t_1，t_2—项目开始以后的第 t_1 年和第 t_2 年，且 $t_1 \leqslant t \leqslant t_2$ 林木生物质碳储量是利用林木生物量含碳率将林木生物量转化为碳含量，再利用 CO_2 与 C 的分子量（44/12）比将碳含量（t C）转换为二氧化碳当量（tCO_2e）： $$C_{TREE\_BSL,i,t} = \frac{44}{12} * \sum_{j=1} (B_{TREE\_BSL,i,j,t} * CF_{TREE\_BSL,j})$$ 式中： $C_{TREE\_BSL,i,t}$　　—第 t 年时，第 i 基线碳层林木生物质碳储量，tCO_2e $B_{TREE\_BSL,i,j,t}$　　—第 t 年时，基线第 i 基线碳层树种 j 的生物量，t $CF_{TREE\_BSL,j}$　　—树种 j 的生物量含碳率，$tC \cdot t^{-1}$ 44/12　　—CO_2 与 C 的分子量之比 在估算基线林木生物量（$B_{TREE\_BSL,i,j,t}$）时，项目参与方参照了生物量扩展因子法，具体公式如下。其中材积量是由已经公开发表可得的树种的蓄积量方程计算得到的。 $B_{TREE\_BSL,i,j,t} = V_{TREE\_BSL,i,j,t} * D_{TREE\_BSL,j} * BEF_{TREE,BSL,j} * (1 + R_{TREE\_BSL,j}) * N_{TREE\_BSL,i,j,t} * A_{BSL,i}$ 式中： $B_{TREE\_BSL,i,j,t}$　　—第 t 年时，第 i 基线碳层树种 j 的生物量，t $V_{TREE\_BSL,i,j,t}$　　—第 t 年，第 i 基线碳层树种 j 的材积，$m^3 \cdot$ 株$^{-1}$ $D_{TREE\_BSL,j}$　　—第 i 基线碳层树种 j 的基本木材密度（带皮），$t \cdot m^{-3}$ $BEF_{TREE\_BSL,j}$　　—第 i 基线碳层树种 j 的生物量扩展因子，用于将树干材积转化为林木地上生物量，无量纲 $R_{TREE\_BSL,j}$　　—树种 j 的地下生物量/地上生物量之比，无量纲 $N_{TREE\_BSL,i,j,t}$　　—第 t 年时，第 i 基线碳层树种 j 的株数，株 $\cdot hm^{-2}$ $A_{BSL,i}$　　—第 i 基线碳层的面积，hm^2 i　　—1，2，3……基线碳层 j　　—1，2，3……树种 t　　—1，2，3……项目活动开始以后的年数 以上公式中材积量（$V_{TREE\_BSL,i,j,t}$）是由已经公开发表可得的文献中的树种的蓄积量生长方程得到的，如下表所示：	

（续）

审定要求	审定发现	审定结论

树种	蓄积量生长方程	参考文献
马尾松、湿地松	$V = 2.0019/((1 + 4.9998/A)^{9.2962})$	CDM 项目"广西西北部地区退化土地再造林项目"PDD 中第 141 页中松树单木材积生长方程
阔叶类（荷木、枫香、桉树）	$V = 0.9741 \times (1 - e^{-0.03144 \cdot A})^{4.2366}$	CDM 项目"广西西北部地区退化土地再造林项目"PDD 中第 141 页中硬木单木材积生长方程

审核组检查了所提供的每个树种蓄积量生长方程的参考文献，确定了在估算过程中所选用的蓄积量生长方程是正确引用的，而且项目参与方选择的估算方法能够反映项目所在地本地的情况，因此所使用的树种的蓄积量生长方程是正确且合理的。

2）基线灌木生物质碳储量的变化
如前所述，拟议项目灌木碳储量变化设定为0。

关于项目减排量计算不符合请参见不符合1.

澄清要求6：

请澄清项目设计文件B6.1.1部分所使用的散生木材积生长方程的数据来源，并解释其合理性。

审定要求	审定发现	审定结论
8.3 泄漏所采取的步骤和应用的计算公式是否符合方法学，计算是否正确，所用到的参数包括哪些	根据本方法学的适用条件，不考虑项目实施可能引起的项目前农业活动的转移，也不考虑项目活动中使用运输工具和燃油机械造成的排放。因此在本方法学下，造林活动不存在潜在泄漏。审核组确认拟议项目有关泄漏的描述以及设定是符合方法学的。	
8.4 哪些数据和参数在项目活动的整个计入期内事先确定并保持不变，这些数据和参数的数据源和假设是否是适宜的、计算是否是正确的	在项目活动的整个计入期内事先确定并保持不变的数据和参数如下：	符合

参数	描述
$CF_{TREE,j}$	树种 j 生物量含碳率，用于将生物量转换成碳含量
$R_{TREE,j}$	树种 j 的地下生物量/地上生物量的比值，用于将树干生物量转换全林生物量
$D_{TREE,j}$	树种 j 的基本木材密度，用于将树干材积转换为树干生物量
$BEF_{TREE,j}$	树种 j 的生物量扩展因子，用于将树干生物量转换为地上生物量
$COMF$	燃烧因子（针对每个植被类型）
EF_{CH_4}	CH_4 排放因子
EF_{NO_2}	NO_2 排放因子

（续）

审定要求	审定发现	审定结论
	审核组通过核对项目设计文件中的数据和参数与方法学以及方法学以外引用的各种参数以及方程的来源文件中的数据和参数，确认这些数据的数据源和假设都是适宜和计算正确的，并且适用于项目活动，能够保守地估算减排量。 关于计算森林火灾排放所需事前监测参数信息的问题请参见澄清要求 8.	
8.5 哪些数据和参数在项目活动实施过程中将被监测，这些数据和参数的预先估计是否是合理的	在项目活动实施过程中将被监测数据和参数如下： | 参数	描述
---	---
A_i	第 i 项目碳层的面积
Ap	固定样地面积
DBH	胸径（DBH），用于利用材积公式计算林木材积
H	树高（H），用于利用材积公式计算林木材积
$A_{BURN,i,t}$	第 t 年第 i 层发生火灾的面积 | 审核组通过核对项目设计文件中的数据和参数与方法学以及方法学以外引用的各种参数以及方程的来源文件中的数据和参数，确认这些数据和参数的预先估计都是合理的。	符合
8.6 减排量的计入期采用的方式是可更新的，还是固定的	减排量的计入期采用的是固定式，长度为 20 年。	符合
9 监测计划		
9.1 项目设计文件是否包括一个完整的监测计划	是的。 项目设计文件中的监测计划包含了方法学中所需要监测的参数以及相关描述，组织结构，监测手段，野外测定和方法，抽样设计，监测频率，样地设置等。审核组通过文件评审相关的监测手册和方法学的相关要求，确定项目设计文件中包含了一个完整的监测计划。 澄清要求 9： 请进一步澄清项目监测计划中的组织架构、相关方职责和数据收集保存的相关程序。	提交备案申请前，澄清要求 9 已经关闭。 符合
9.2 监测计划中是否包含了所有需要监测的参数，参数的描述是否正确	是的。 项目设计文件监测计划 B.7.1 需要监测的数据和参数中包含的全部需要监测的参数，参数的描述正确。参数的具体描述如下： | 数据/参数	A_i
---	---
数据单位	hm^2
应用的公式编号	《方法学》中公式(6)、公式(31)、公式(32)
描述	第 i 项目碳层的面积		符合

（续）

审定要求	审定发现		审定结论
		（续）	
	数据/参数	A_i	
	数据来源	野外测定	
	测定步骤	采用国家森林资源清查或森林规划设计调查使用的标准操作程序	
	监测频率	第一次监测时间：2015 年 1 月 第二次监测时间：2020 年 10 月 第三次监测时间：2025 年 10 月 第四次监测时间：2030 年 10 月	
	QA/QC	采用国家森林资源调查使用的质量保证和质量控制（QA/QC）程序，面积测定误差不大于 5%	
	其他说明	在项目情景下用 $A_{PROJ,i}$ 表示。	
	数据/参数	A_p	
	数据单位	hm^2	
	应用的公式编号	固定样地面积	
	描述	《方法学》中公式(31)、公式(32)、公式(33)	
	数据来源	野外测定、核实	
	测定步骤	采用国家森林资源清查或森林规划设计调查使用的标准操作程序	
	监测频率	第一次监测时间：2015 年 1 月 第二次监测时间：2020 年 10 月 第三次监测时间：2025 年 10 月 第四次监测时间：2030 年 10 月	
	QA/QC	采用国家森林资源调查使用的质量保证和质量控制（QA/QC）程序	
	其他说明	在项目情景下用 A_{PROJ} 表示。	
	数据/参数	DBH	
	数据单位	cm	
	应用的公式编号	《方法学》中公式(6)	
	描述	胸径（DBH），用于利用材积公式计算林木材积	
	数据来源	野外测定	
	测定步骤	采用国家森林资源清查或森林规划设计调查使用的标准操作程序	
	监测频率	第一次监测时间：2015 年 1 月 第二次监测时间：2020 年 10 月 第三次监测时间：2025 年 10 月 第四次监测时间：2030 年 10 月	

（续）

审定要求	审定发现		审定结论
		（续）	
	数据/参数	*DBH*	
	QA/QC	采用国家森林资源调查使用的质量保证和质量控制（QA/QC）程序。即每木检尺株数：胸径（DBH）≥8cm 的应检尺株数不允许有误差；胸径 <8cm 的应检尺株数，允许误差为 5%，但最多不超过 3 株。胸径测定：胸径≥20cm 的树木，胸径测量误差应小于 1.5%，测量误差 1.5% ~3.0% 的株数不能超过总株数的 5%；胸径 <20cm 的树木，胸径测量误差 <0.3cm，测量误差在大于 0.3cm 小于 0.5cm 的株数不允许超过总株数的 5%。	
	其他说明		
	数据/参数	*H*	
	数据单位	m	
	应用的公式编号	《方法学》中公式(6)	
	描述	树高（*H*），用于利用材积公式计算林木材积	
	数据来源	野外测定	
	测定步骤	采用国家森林资源清查或森林规划设计调查使用的标准操作程序	
	监测频率	第一次监测时间：2015 年 1 月 第二次监测时间：2020 年 10 月 第三次监测时间：2025 年 10 月 第四次监测时间：2030 年 10 月	
	QA/QC	采用国家森林资源调查使用的质量保证和质量控制（QA/QC）程序。树高测量允许误差不大于 5%。	
	其他说明		
	数据/参数	$A_{BURN,i,t}$	
	数据单位	hm^2	
	应用的公式编号	《方法学》中公式(25)、公式(26)、公式(27)	
	描述	第 t 年第 i 层发生火灾的面积	
	数据来源	野外测量或遥感监测	
	测定步骤	用 1：10000 地形图或造林作业验收图现场勾绘发生火灾危害的面积，或采用符合精度要求的 GPS 和遥感图像测火灾面积	
	监测频率	每次森林火灾发生时均须测量	
	QA/QC	采用国家森林资源调查使用的质量保证和质量控制（QA/QC）程序，面积测量误差不大于 5%	
	其他说明		

（续）

审定要求	审定发现	审定结论
9.3 各个参数的监测方法是否具有可操作性，是否符合方法学的要求，监测设备的校准和精度是否符合要求	是的。 通过对项目设计文件和监测手册的文件评审，现场访问，审核组确认参数的监测方法具有可操作性，样地设置和抽样方法符合方法学的要求。 此外，根据方法学的要求，项目设计文件按照方法学的要求设计了精度控制与校正，对于抽样精度不满足要求的可以选择通过增加样地或者使用扣减率折算的方法来进行精度控制与校正。	符合
9.4 项目是否设计了合理的 QA/QC 程序确保项目产生的减排量能事后报告并且是可核证的	是的。 通过对项目设计文件和监测手册的文件评审，现场访问，审核组确认项目活动的监测和项目林木碳储量监测具备详细、完整、可以事后报告和核证的方法及计算公式；同时，对于可能发生的由火灾等引起的项目边界内温室气体排放量增加的情况，亦按照方法学规定了详细的计算方法。此外，根据本项目的监测组织架构，所有数据的监测记录将由专门的监测记录小组和涉及地块区域当地的林业局共同完成，可以保证数据监测和减排量的事后报告。	符合
10 利益相关方评价		
10.1 是否包括完整的利益相关方评价的概要	是的。项目设计文件中第 F.1 和第 F.2 部分包含利益相关方的意见和评价的收集信息和评价概要。审核组通过文件评审项目委托方收集到的调查问卷和现场访问村民等，确定项目设计文件中包含了一个完整的利益相关方评价的概要 澄清要求 10： 请进一步澄清项目的利益相关方调查的时间，并进一步分析论证调查对象选择的合理性和代表性。	~~澄清要求 10~~ 提交备案申请前，澄清要求 10 已经关闭。 符合
10.2 是否充分考虑了利益相关方的意见？	是的。 在项目设计文件第 F.3 部分，项目委托方对收集到的意见进行了总结，并充分考虑利益相关方的意见。比如，将开展更多培训；尽量选择乡土树种；不使用化学农药；不采用炼山和全垦等方式整地等。	符合

附件2 不符合、澄清要求及进一步行动要求清单

不符合、澄清要求及进一步行动要求	项目业主原因分析及回复	审定结论
不符合1	请重新核算拟议项目的基线碳汇量、项目碳汇量和项目减排量。	重新选择适合项目的林木生长方程，并重新核算了项目的基线碳汇量、项目碳汇量和项目减排量，详细意见见项目设计文件(第03版)中B.6部分。	审核组核查了最新的项目设计文件(第03版)及相关证明文件，确认项目项目的基线碳汇量、项目碳汇量和项目减排量的计算符合方法学的要求，其项目减排量(项目净碳汇量)的事前预估值是可信的。因此，不符合1关闭。
不符合2	请进一步澄清项目所面临的投资障碍以确保项目的额外性。	已提供有效林业主管部门的证明文件，证明开展非碳汇造林项目活动存在资金障碍，开展碳汇造林项目具有额外性。	审核组核查了最新的项目设计文件(第03版)及相关证明文件，确认项目的额外性论证过程是合理的，符合方法中相关要求。因此，不符合2关闭。
澄清要求1	请提供拟议项目开始日期和开工建设日期的相关证据。	提供了项目造林施工合同作为证据。根据《方法学》要求和实际情况，以签署施工合同时间作为项目开始时间和计入期开始时间。另外提供了由县/市林业局出具的《开工证明》。	审核组核查了相关文件，确认项目设计文件中的项目开始日期和开工建设日期是正确的。因此，澄清要求1关闭。
澄清要求2	请根据项目设计模板要求，添加A.8部分"林业项目减排量非持久性问题的解决方法"的内容。	已按新的PDD模板要求增加该部分，保证项目的核证减排量CCER签发期与计入期相同以解决林业项目减排量非持久性问题	审核组确认最终版项目设计文件已添加A.8部分，并且所添加部分符合相关要求。因此，澄清要求2关闭。
澄清要求3	请在项目设计文件(PDD)中A2.4部分提供项目所有59个小班的地理坐标范围。	已在项目设计文件(第03版)中A2.4部分补充地理坐标范围。相关地理坐标证明文件也已经提供。	审核组检查了项目作业设计，确认该坐标信息与作业设计中的数据一致。经过现场勘察，通过使用GPS定位设备确认该数据是真实可信的。因此，澄清要求3关闭。
澄清要求4	请在项目设计文件中添加拟议项目的主要事件列表。	已在项目设计文件(第03版)中B5.2部分添加主要事件列表。	经文件审核和现场访问，审核组确认所添加主要事件列表是真实可信的。因此澄清要求4关闭。
澄清要求5	请在项目设计文件中，添加项目如何持续寻求减排机制的支持的论述。	向审核组提供了《关于广东长隆碳汇造林项目减排量开发的决议》及《关于广东长隆碳汇造林项目减排量开发的补充决议》；22010年11月06日，《关于广东长隆碳汇造林项目减排量开发的决议》中提出要将本项目开发为CDM项目；但随着国际CDM市场的萎缩，2012年8月10日，随着国家发展和改革委员会发布《温室气体自愿减排交易管理暂行办法》，项目公司为了提升项目盈利能力，决定将拟议项目开发成国内CCER减排项目。	通过检查《关于广东长隆碳汇造林项目减排量开发的决议》，确认项目业主决定将项目开发成为减排项目这一事件的日期的描述是真实可信的。并且确认项目是在持续寻求减排机制的支持以确保项目的实施。因此，澄清要求5关闭。

（续）

	不符合、澄清要求及进一步行动要求	项目业主原因分析及回复	审定结论
澄清要求6	请澄清项目设计文件 B6.1.1 部分所使用的散生木材积生长方程的数据来源，并解释其合理性。	已进行核实更新。由于项目区缺乏适用的散生木单木生长方程，拟议项目采用"CDM广西西北部地区退化土地再造林项目PDD"第141页中松树和硬木单木材积生长方程进行预测。在基线情景下，由于当地土壤贫瘠，无人经营，散生木生长不良、缓慢，处于衰退状态，因此在基线情景下采用广西类似地区平均生长势的单木生长方程来预测其材积生长量符合保守性原则。	审核组检查了所提供的每个树种生长方程的参考文献，确认了在估算过程中所选用的蓄积量生长方程是正确引用的，而且项目参与方选择的估算方法能够反映项目所在地本地的情况，因此所使用的树种的蓄积量生长方程是可接受且合理的。因此，澄清要求6关闭。
澄清要求7	请澄清项目设计文件 B6.2 部分所使用的林木蓄积量生长方程的数据来源，并解释其合理性。	由于当地缺乏适用的造林树种蓄积量生长方程，拟议项目采用张治军(2009)广西造林再造林固碳成本效益研究[博士学位论文]第119页中有关阔叶树的生长方程进行事前单位面积林分蓄积量预估。经验证，该方程预测结果符合广东森林连续清查结果。	审核组查阅了张治军(2009)广西造林再造林固碳成本效益研究[博士学位论文]第119页中有关阔叶树的生长方程，与广东森林连续清查结果尽心了交叉校核，确认了在估算过程中所选用的蓄积量生长方程是可接受的，而且项目参与方选择的估算方法能够反映项目所在地本地的情况，因此所使用的树种的蓄积量生长方程是可接受且合理的。因此，澄清要求7关闭。
澄清要求8	(1)请根据项目实际情况，在项目设计文件 B6.4 部分进一步明确用于计算森林火灾排放所需事前监测参数信息； (2)请根据项目实际情况，在项目设计文件 B6.2 部分进一步明确项目发生森林时排放量的量化过程。	已根据方法学规定在项目设计文件中进行了补充了计算森林火灾排放所需事前监测参数信息及其量化过程	审核组检查了修订后的项目设计文件，确认关于计算森林火灾排放所需事前监测的参数信息已经补充在了B.6.4部分。通过与方法学中有关要求核对，审核组确认有关参数信息的描述是正确的，所选择的事先确定的数据是合理的。 审核组检查了修订后的项目设计文件，确认关于计算森林火灾排放的量化方法已经补充在了B.6.2部分。通过与方法学中有关要求核对，审核组确认计算森林火灾排放的量化方法是合理的和可接受的。因此，澄清要求8关闭。
澄清要求9	请进一步澄清项目监测计划中的组织架构、相关方职责和数据收集保存的相关程序。	已在项目设计文件中加以描述和明确了本项目监测计划中的组织架构、相关方职责和数据收集保存的相关程序。广东翠峰园林绿化有限公司专门成立了监测工作组，专门负责本项目的数据收集、监测等工作。	审核组检查了修订后的的最新的项目设计文件(第03版)，确认项目已经将项目监测的组织架构、相关方职责和数据收集保存的相关程序加入项目设计文件当中，审核组确认其是合理的和可接受的。因此，澄清要求9关闭。

（续）

不符合、澄清要求及进一步行动要求		项目业主原因分析及回复	审定结论
澄清要求 10	请进一步澄清项目的利益相关方调查的时间，并进一步分析论证调查对象选择的合理性和代表性。	已在项目设计文件中加以补充。调查问卷填写时间为 2010 年 11 月 8～10 日，调查对象主要为五华县、兴宁市、紫金县、东源县林业局工作人员和拥有土地使用权的村民代表，其能够充分代表利益相关方的意见和建议。调查对象年龄范围为 25～50 岁之间，林业局工作人员学历为专科及以上，村民的学历为高中及以下，人群结构的年龄、学历等在当地具有代表性。	审核组检查了修订后的最新的项目设计文件（第 03 版），并经现场访谈确认，利益相关方访谈时间为 2010 年 11 月 8～10 日。修订后的的最新的项目设计文件（第 03 版）对调查对象选择的合理性和代表性进行了进一步的分析论证，审核组确认其分析过程合理，其结果是可信的。因此，澄清要求 10 关闭。
澄清要求 11	请进一步澄清拟议项目林权的所有方；	根据《碳汇造林协议》规定，项目业主负责项目资金投入和建设，并享有碳汇处置权利（作为开发该项目的激励机制）；林地所有者负责提供符合碳汇造林条件的林地，享有林木所有权。林地所有方为拟议项目造林用地所涉及的当地村委会。	项目方在项目现场已提供项目所涉及林地的林权证，审定组确认项目林权的所有方为村集体；同时，审定组要求项目相关方将广东翠峰园林绿化公司作为甲方和作为乙方的项目所在县林业局以及作为丙方的项目所在村委会分别签署的所有《碳汇造林协议》作为备案材料的附件提交致国家发展和改革委员会。因此，澄清项 11 关闭。
澄清要求 12	请进一步澄清拟议项目从林分水平进行蓄积量生长量估算的合理性；	由于当地缺乏适用的分树种蓄积量生长方程，本项目采用张治军（2009）广西造林再造林碳固碳成本效益研究[博士学位论文]第 119 页中有关阔叶树的林分蓄积量生长方程进行项目情境下事前单位面积林分蓄积量预估。经交叉验证，这个阔叶树的林分蓄积量生长方程预测结果符合广东森林连续清查结果。并经林业专家确认，预测结果具有合理性和保守性。	审定组检查了修订后的最新的项目设计文件（03 版），确认项目方的解释是合理的。因此，澄清项 12 关闭。

附件3 公示期意见

根据《指南》的要求，CEC 于 2013 年 12 月 16 日在"中国自愿减排交易信息平台"公示了拟议项目的项目设计文件(第 01 版，2013 年 11 月 29 日)，公示期 2013 年 12 月 16 日 ~2013 年 12 月 30 日。公示期内没有收到利益相关方的意见。

附件4 人员能力证明

周才华

周才华是温室气体减排项目审核组长。他参加了 CDM、EMS、GS、ISO14064 等 GHG 相关培训课程，同时为环境标志产品检查员。他参与了 30 多个 CDM 项目的审定/核证和 40 余个国内碳盘查、节能量审核、合同能源管理项目的审核工作，涉及的领域包括：水电、风电、水泥制造、热力生产、制造业、废物处理等。其中包括了 1 领域、4 领域、13 领域和 14 领域的项目，积攒了丰富的项目审核经验。

根据 CEC-4001D-A/0 CCER 审核人员能力管理作业指导书，被评为 CCER 审定员、核证员、审定/核证组长、技术评审人员。

专业领域：1

北京，2013 年 5 月 20 日

张小丹

CDM 技术总监

薛靖华

质量保障管理岗

刘清芝

刘清芝是温室气体减排项目审核组长。她参加了 CDM、EMS、GS、ISO14064 等 GHG 相关培训课程，同时也是 EMS 高级审核员和环境标志产品高级检查员。她参与了 130 多个 CDM 项目的审定/核查、规划类(PoA)项目审定以及近百个 CCER 项目的审定/核查工作等，涉及的领域包括水电、风电、煤层气回收和利用，及动物粪便回收和节能灯替换、农业等。其中大多数项目属于 1、8 和 10 领域，积攒了丰富的可再生能源和矿业领域的审核经验。除 CDM 审核外，也参与了世界大坝委员会标准下的水电项目和节能量审核项目。

根据 CEC-4001D-A/0 CCER 审核人员能力管理作业指导书，被评为 CCER 审定员、核证员、审定/核证组长、技术评审人员。

专业领域：1，3，5，8，10，11，12

北京，2013 年 5 月 20 日

张小丹

CDM 技术总监

徐玲华

质量保障管理岗

崔晓冬

崔晓冬是温室气体减排项目审核组长。他自 2009 年以来在 QMS、能源审计、CDM 相关知识体系和温室气体核算领域参加了多个内部和外部培训。他参加了国内外 40 余个 CDM/VCS 项目的审定/核证工作、规划类（PoA）项目审定等，涉及的项目领域包括水电、风电、煤层气、生物质发电、能源需求、制造业、废物处理等。

根据 CEC-4001D-A/0 CCER 审核人员能力管理作业指导书，被评为 CCER 审定员、核证员、审定/核证组长、技术评审人员。

专业领域：1

北京，2013 年 5 月 20 日

张小丹

CDM 技术总监

徐玲华

质量保障管理岗

郭洪泽

郭洪泽是温室气体减排项目实习审核员。他具有 CDM 项目开发经验，参与了数个水电、风电、光伏发电的审定/核查项目，其中大多数项目属于 1 领域，积攒了丰富的可再生能源项目经验。他也参加了 CDM、GS、VCS 和 ISO14064 等 GHG 相关课程的培训。除 CDM 审核外，同时他也参与了数个 ISO14064 碳盘查和广东省水泥企业、钢铁企业的碳排放摸底盘查工作。

根据 CEC-4001D-A/0 CCER 审核人员能力管理作业指导书，被评为 CCER 审定员、核证员、审定/核证组长、技术评审人员。

专业领域：1

北京，2013 年 5 月 20 日

张小丹

CDM 技术总监

薛靖华

质量保障管理岗

邢 江

邢江是温室气体减排项目实习审核员。2010 年以来，他参加了 CDM、EMS、PAS2050，PAS2060、EU ETS 航空部门核查知识等与 GHG 相关培训课程。他参加 60 多个 CDM 审定/核查项目，涉及的领域包括：水电、风电等项目，其中大多数项目属于 1 领域，积攒了丰富的可再生能源领域的审核经验。同时他也参与了数个石油化工企业的 ISO14064-1 项目的审核工作。

根据 CEC-4001D-A/0 CCER 审核人员能力管理作业指导书，被评为 CCER 审定员、核证员。

专业领域：1

北京，2014 年 1 月 3 日

张小丹

CDM 技术总监

薛靖华

质量保障管理岗

郑小贤

郑小贤是技术领域 14 的技术专家。他于 1995 年日本岐阜大学获得森林经营专业博士学位后，一直在北京林业大学从事林业方面的科研、教学等工作，至今拥有近 20 年经验。他先后编著了 8 部专著，发表论文 70 余篇，主持完成多项国家自然科学基金项目、国家社会科学基金项目、"九五"、"十五"、"十一五"和"十二五"国家科技支撑项目。主持或参与编制了"中国森林认证标准"、"中国森林认证实施规则"、"中国森林认证审核导则"、"非木质林产品"、"竹林认证标准"等国家和行业标准。加入 CEC 之后多次参加 CDM 和低碳领域的各类培训，掌握温室气体减排领域相应审定核查规则和要求。

根据 CEC-4001D-A/0 CCER 审核人员能力管理作业指导书，被评为 CCER 技术专家。

专业领域：14

北京，2013 年 12 月 4 日

张小丹

CDM 技术总监

薛靖华

质量保障管理岗

张小丹

张小丹是温室气体减排项目审核组长。她在汽车工业领域拥有 8 年设计、制造、测试和管理经验。同时，她是拥有超过 15 年认证认可工作和管理经验的资深高级环境管理体系审核员。自 2005 年参与 CDM 工作以来，参加了多个 CEC 举办的 CDM 培训课程，并参与了 10 余个能源工业领域的 CDM 审定/核查项目。

根据 CEC-4001D-A/0 CCER 审核人员能力管理作业指导书，被评为 CCER 审定员、核证员、审定/核证组长、技术评审人员。

专业领域：1，7

北京，2013 年 5 月 20 日

张小丹　　　　　　　　　　　　　　徐玲华

CDM 技术总监　　　　　　　　　　质量保障管理岗

独　威

独威是温室气体减排项目审核组长。2007 年以来，他多次参加 CDM、EMS、GS 及其他 GHG 相关培训课程。他参与了 20 多个 CDM 审定/核查项目，涉及的领域包括：水电、风电、生物质发电等，其中大多数项目属于 1 领域，积攒了丰富的可再生能源领域的审核经验。

根据 CEC-4001D-A/0 CCER 审核人员能力管理作业指导书，被评为 CCER 审定员、核证员、审定/核证组长、技术评审人员。

专业领域：1

北京，2013 年 5 月 20 日

张小丹　　　　　　　　　　　　　　徐玲华

CDM 技术总监　　　　　　　　　　质量保障管理岗

薛靖华

薛靖华是温室气体减排项目审核组长。她自 2007 年以来在 EMS、能源审计、CDM 相关知识体系领域参加了多个内部和外部培训。她在风电、水电、煤层气回收和利用领域参加了 10 余个 CDM 项目的审定/核证工作。此外，她还参加了按照世界大坝委员会设立的标准对水电项目进行评估的工作以及节能量审计工作。

根据 CEC-4001D-A/0 CCER 审核人员能力管理作业指导书，被评为 CCER 审定员、核证员、审定/核证组长、技术评审人员。

专业领域：1

北京，2013 年 5 月 20 日

张小丹

CDM 技术总监

徐玲华

质量保障管理岗

张小全

张小全是温室气体减排项目审核员。加入 CEC 之前，他在某国有林场有过 10 余年的管理经验。作为一名环境管理体系/质量管理体系高级审核员以及环境标志检查员，拥有 10 年的审核经验。自 2007 年以来，参加过多次 CDM 培训和温室气体核算相关的培训，掌握了温室气体减排领域相应审定核查规则和要求。

根据 CEC-4001D-A/0 CCER 审核人员能力管理作业指导书，被评为 CCER 审定员、核证员、技术评审人员。

专业领域：14

北京，2013 年 5 月 20 日

张小丹

CDM 技术总监

徐玲华

质量保障管理岗

第三章　监测报告

本章介绍项目的监测报告。该报告是根据国家发展和改革委员会备案的方法学和项目设计文件（PDD），开展实际监测的基础上，编写而成的。监测报告包括 5 部分，即 A 部分：项目活动描述；B 部分：项目活动的实施；C 部分：对监测系统的描述；D 部分：数据和参数；E 部分：项目减排量的计算。该报告于 2014 年 4 月 20 日获得 CEC 的正面的核证报告，并于 4 月 29 日通过国家发展和改革委员会组织的减排量备案审核会议的答辩审核。项目监测报告模板（F-CCER-F-MR）也是该项目的一个成果，其是由中国绿色碳汇基金会，按照有关林业 CCER 方法学要求，参考有关项目监测报告模板，并结合林业项目实际起草而成的，经报国家发展和改革委员会批准后，正式在全国林业温室气体自愿减排项目中推广应用。

中国林业温室气体自愿减排项目
监测报告（F-CCER-MR）
第 1.0 版

监测报告（MR）

项目活动名称	广东长隆碳汇造林项目
项目类别①	采用国家发展改革委备案的方法学开发的减排项目
项目活动备案编号	021
项目活动的备案日期	2014 年 7 月 21 日
监测报告的版本号	03
监测报告的完成日期	2015 年 5 月 10 日
监测期的顺序号及本监测期覆盖日期	监测期的顺序号：第 1 监测期 本监测期覆盖日期：2011 年 1 月 1 日 ~ 2014 年 12 月 31 日（包括首尾两天，共计 1461 天）
项目业主	广东翠峰园林绿化有限公司
项目类型	造林项目 领域 14：造林和再造林
选择的方法学	《碳汇造林项目方法学》编号：AR-CM-001-V01
项目设计文件中预估的本监测期内温室气体减排量或人为净碳汇量	77，113 tCO$_2$e（年均减排量 17，365 tCO$_2$e）
本监测期内实际的温室气体减排量或人为净碳汇量	5，208 tCO$_2$e（年均减排量 1，302 tCO$_2$e）

---

① 包括四种：（一）采用经国家发展改革委备案的方法学开发的减排项目；（二）获得国家发展改革委批准但未在联合国清洁发展机制执行理事会注册的项目；（三）在联合国清洁发展机制执行理事会注册前就已经产生减排量的项目；（四）在联合国清洁发展机制执行理事会注册但减排量未获得签发的项目。

A 部分：项目活动描述

A.1 项目活动的目的和一般性描述

气候变化及其影响是当前全球面临的共同环境问题，减少温室气体排放和增强对大气中 CO_2 的吸收固定能力是应对气候变化的迫切需求。森林对大气中 CO_2 浓度具重要的调节作用，实施碳汇造林被公认为固定大气 CO_2 最为有效的手段之一。为了促进广东省林业碳汇事业的健康发展，推动广东省林业碳汇项目减排量的开发和自愿碳减排交易，为全国提供开发类似林业碳汇项目积累项目经验和提供参考案例，广东翠峰园林绿化有限公司于 2011 年 1 月 4 日起在广东省欠发达地区的宜林荒山，实施碳汇造林项目，实际完成造林面积 13000 亩（866.7hm²），与设计造林面积相同，造林密度每亩 74 株。其中，梅州市五华县 4000 亩（266.7hm²）、兴宁市 4000 亩（266.7hm²）；河源市紫金县 3000 亩（200.0hm²）、东源县 2000 亩（133.3hm²）。涉及到梅州市五华县转水镇、华城镇，兴宁市径南镇、永和镇、叶塘镇；河源市紫金县附城镇、黄塘镇、柏埔镇，东源县义合镇，本项目于 2010 年 10 月完成作业设计，2010 年 11 月 5 日获得广东省林业厅下发的《关于广东长隆碳汇造林项目作业设计的批复》，2011 年 1 月 4 日起开始造林，项目进程及具体实施情况详见下表：

县/市名称	开工时间	竣工验收时间	县/市下属镇	造林面积（亩）
五华县	2011 年 1 月 4 日	2011 年 5 月 20 日	转水镇	1，936
			华城镇	2，064
兴宁市	2011 年 1 月 5 日	2011 年 6 月 7 日	径南镇	2，141
			永和镇	838
			叶塘镇	1，021
紫金县	2011 年 1 月 7 日	2011 年 9 月 28 日	附城镇	685.5
			黄塘镇	1，963.5
			柏埔镇	351
东源县	2011 年 1 月 8 日	2011 年 12 月 10 日	义合镇	2，000

本项目采用 20 年固定计入期，计入期为 2011 年 1 月 1 日到 2030 年 12 月 31 日，整个计入期内预计产生减排量为 347292 tCO_2e，年均减排量约为 17365 tCO_2e。

本项目作为国内自愿减排项目于 2014 年 7 月 21 日获得国家发展改革委批复予以备案（发改办气候［2014］1681 号），本项目备案号为 021（http：//cdm. ccchina. gov. cn/zybDetail. aspx？ Id ＝ 34）。

本项目第一次监测期（即 2011 年 1 月 1 日至 2014 年 12 月 31 日，含首尾两天，共计 1461 天）内所产生的减排量为 5208 tCO_2e。

本项目未在除国内自愿减排项目外的其他国际或国内减排机制注册（例如 GS、VCS、CDM 等机制），也未产生其他形式的碳减排信用额度。

A. 2　项目活动的位置

五华县，广东省梅州市辖县，革命老区县，地处广东省东北部，韩江上游，是粤东丘陵地带的一部分，地处北纬 23°23′～24°12′，东经 115°18′～116°02′，东起郭田照月岭，西止长布鸡石，南至登畲龙狮殿，北至新桥洋塘尾。东南与丰顺、揭西、陆丰交界，西南与源城、紫金接壤，西北与龙川相连，东北与兴宁毗邻。东西相距 71.6km，南北长约 88.0km。

兴宁市位于广东省东北部，地处北纬 23°51′～24°37′，东经 115°30′～116°00′之间。东与梅县接壤，南与丰顺县相连，西靠龙川县和五华县，北与广东省平远县和江西省寻邬县毗邻，处于东江和韩江上游。

紫金县地处北纬 23°10′～23°45′，东经 114°40′～115°30′之间。东接五华县，东南与陆河县相连，南与惠东县相邻，西南与惠州市惠阳区相接，西与博罗县隔东江相邻，西北与河源市源城区相接，北与东源县交界。东西长 88.6km，南北宽 64.0km。

东源县地处广东省东北部东江中上游，位于东经 114°38′～115°22′，北纬 23°41′～24°13′之间。东接龙川县，南连紫金县，西靠源城区、新丰江林管局，北与和平、连平两县毗邻。

造林项目地理位置如图 A 所示：

本项目造林活动具体实施的 59 小班四至界线清楚（其中，五华县包含 14 个小班，兴宁市包含 9 个小班，紫金县包含 26 个小班，东源县包含 10 个小班），具体地理边界信息见项目造林作业设计，详细小班的地理边界即地理坐标范围见下表 A-1。

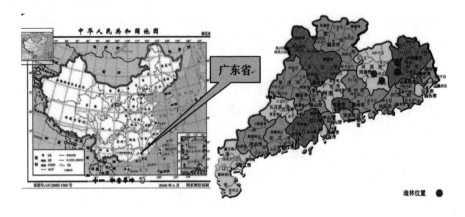

图 A 项目具体位置

A.3 所采用的方法学

采用国家发展和改革委员会备案方法学《碳汇造林项目方法学》(本监测报告中简称为《方法学》),编号 AR-CM-001-V01。

(http：//cdm. ccchina. gov. cn/zyDetail. aspx？ newsId = 46156&TId = 162)

A.4 项目活动计入期

计入期类别：固定计入期；

计入期：20 年(自 2011 年 1 月 1 日起,至 2030 年 12 月 31 日止)。

B 部分: 项目活动的实施

B.1 备案项目活动实施情况描述

本项目在五华县、兴宁市、紫金县、东源县等 9 个乡镇,共计 13000 亩的地块上进行碳汇造林项目。在本监测期内,没有发生影响方法学适用性的情况,未发生森林火灾、毁林等破坏项目区新造幼林的情况,也未发生病虫害等危害森林的灾害。

本项目选择荷木、樟树、枫香、山杜英、相思、火力楠、红锥、格木、黎蒴 9 个树种进行随机混交造林,初植密度 74 株/亩,造林模式见表 A-2。

表 A-1 拟议碳汇造林项目造林地小班地理位置

县市	乡镇	小班号	地图识别号	东		南		西		北	
				经度	纬度	经度	纬度	经度	纬度	经度	纬度
五华县	转水镇	1	F-50-136-59	115°39′14.98″	24°0′50.92″	115°39′12.903″	24°0′43.765″	115°39′12.782″	24°0′50.901″	115°39′13.629″	24°0′54.949″
		2	F-50-136-59	115°39′28.41″	24°0′9.265″	115°39′12.251″	24°0′10.929″	115°39′9.44″	24°0′24.782″	115°39′13.77″	24°0′39.454″
		3	F-50-136-59	115°39′25.236″	23°59′53.363″	115°39′19.195″	23°59′44.772″	115°39′4.474″	24°0′1.744″	115°39′7.672″	24°0′7.391″
		4	F-50-4-3	115°39′9.521″	23°59′52.922″	115°39′11.244″	23°59′44.317″	115°38′52.309″	23°59′56.201″	115°38′52.309″	23°59′56.201″
		5	F-50-4-3	115°39′8.239″	23°59′42.732″	115°38′58.773″	23°59′31.506″	115°38′56.275″	23°59′41.269″	115°38′49.177″	23°59′54.207″
		6	F-50-136-59	115°39′36.599″	23°59′44.322″	115°39′26.707″	23°59′30.823″	115°39′21.896″	23°59′39.86″	115°39′30.399″	23°59′50.184″
	华城镇	1	F-50-136-59	115°39′4.976″	24°0′55.391″	115°39′2.873″	24°0′52.458″	115°39′.500″	24°0′54.346″	115°39′.553″	24°0′57.312″
		2	F-50-136-59	115°39′12.205″	24°0′49.577″	115°39′11.375″	24°0′43.852″	115°39′9.009″	24°0′50.839″	115°39′11.634″	24°0′54.946″
		3	F-50-136-59	115°38′57.998″	24°0′42.399″	115°38′45.667″	24°0′32.867″	115°38′45.782″	24°0′43.392″	115°38′52.791″	24°0′46.274″
		4	F-50-136-59	115°39′8.783″	24°0′28.552″	115°39′4.709″	24°0′20.674″	115°39′2.756″	24°0′30.253″	115°39′4.834″	24°0′41.053″
		5	F-50-136-59	115°38′46.773″	24°0′5.555″	115°38′36.712″	23°59′57.539″	115°38′34.895″	24°0′6.533″	115°38′40.321″	24°0′17.518″
		6	F-50-136-59	115°39′5.432″	24°0′9.553″	115°38′52.064″	23°59′59.014″	115°38′50.123″	24°0′12.823″	115°38′56.17″	24°0′25.268″
		7	F-50-4-3	115°38′49.363″	23°59′56.821″	115°38′45.455″	23°59′54.68″	115°38′41.087″	23°59′56.189″	115°38′47.153″	23°59′57.877″
		8	F-50-4-3	115°38′34.118″	23°59′47.779″	115°38′29.639″	23°59′25.136″	115°38′26.249″	23°59′48.487″	115°38′31.016″	23°59′54.462″
兴宁市	径南镇	1	G-50-136-23	115°54′15.028″	24°12′31.77″	115°54′4.384″	24°12′26.706″	115°53′53.508″	24°12′26.799″	115°54′4.725″	24°12′30.664″
		2	G-50-136-31	115°54′10.534″	24°12′9.123″	115°54′4.985″	24°12′.313″	115°53′47.19″	24°12′9.299″	115°53′47.19″	24°12′9.299″
		3	G-50-136-31	115°54′34.08″	24°12′9.55″	115°54′21.893″	24°11′58.543″	115°54′16.147″	24°12′12.775″	115°54′17.72″	24°12′26.2″
		4	G-50-136-31	115°54′20.383″	24°11′12.443″	115°54′14.657″	24°11′2.471″	115°53′49.694″	24°11′19.638″	115°54′6.949″	24°11′26.91″

（续）

县市	乡镇	小班号	地图识别号	东 经度	东 纬度	南 经度	南 纬度	西 经度	西 纬度	北 经度	北 纬度
兴宁市	永和镇	1	G-50-136-38	115°49′58.446″	24°9′12.063″	115°49′49.372″	24°9′5.157″	115°49′47.079″	24°9′10.041″	115°49′54.605″	24°9′17.063″
		2	G-50-136-38	115°50′11.707″	24°8′48.94″	115°50′4.612″	24°8′48.146″	115°49′49.193″	24°8′53.737″	115°49′55.592″	24°8′59.014″
		3	G-50-136-38	115°50′7.589″	24°8′32.389″	115°49′59.813″	24°8′21.925″	115°49′52.219″	24°8′32.787″	115°49′57.999″	24°8′46.331″
	叶塘镇	1	G-50-136-26	115°36′39.254″	24°11′35.117″	115°36′39.374″	24°11′24.049″	115°36′26.577″	24°11′37.259″	115°36′28.758″	24°11′52.218″
		2	G-50-136-27	115°37′2.674″	24°10′52.878″	115°36′52.899″	24°10′57.626″	115°36′34.896″	24°11′4.77″	115°36′45.317″	24°11′16.15″
紫金县	附城镇	1	F-50-2-10	115°6′37.289″	23°37′22.813″	115°6′35.526″	23°37′17.322″	115°6′30.845″	23°37′20.039″	115°6′32.993″	23°37′26.834″
		2	F-50-2-10	115°6′55.07″	23°37′28.978″	115°6′50.017″	23°37′23.098″	115°6′47.434″	23°37′26.557″	115°6′49.246″	23°37′28.951″
		3	F-50-15-2	115°5′4.001″	23°37′36.719″	115°5′1.6″	23°37′34.156″	115°4′56.994″	23°37′35.891″	115°4′58.441″	23°37′38.202″
		4	F-50-15-2	115°5′47.145″	23°38′3.589″	115°5′45.622″	23°38′.091″	115°5′44.905″	23°38′3.674″	115°5′46.485″	23°38′5.107″
		5	F-50-15-2	115°5′48.284″	23°37′46.423″	115°5′41.081″	23°37′42.14″	115°5′32.028″	23°37′49.014″	115°5′41.763″	23°37′52.316″
		6	F-50-15-2	115°4′43.951″	23°38′47.436″	115°4′36.931″	23°38′40.736″	115°4′27.801″	23°38′47.29″	115°4′39.244″	23°38′54.004″
		7	F-50-15-2	115°4′40.153″	23°38′35.211″	115°4′37.6″	23°38′33.508″	115°4′36.604″	23°38′35.063″	115°4′38.316″	23°38′38.869″
	黄塘镇	1	F-50-15-1	115°3′55.827″	23°39′16.705″	115°3′49.159″	23°39′15.276″	115°3′46.473″	23°39′15.552″	115°3′53.882″	23°39′17.462″
		2	F-50-15-2	115°4′10.98″	23°39′14.489″	115°4′8.348″	23°39′14.559″	115°4′5.446″	23°39′15.817″	115°4′58.964″	23°39′16.477″
		3	F-50-15-2	115°4′9.838″	23°39′11.762″	115°4′8.543″	23°39′10.997″	115°4′6.065″	23°39′10.189″	115°4′8.133″	23°39′11.981″
		4	F-50-2-63	114°56′9.438″	23°42′36.861″	114°55′32.498″	23°42′17.494″	114°55′41.157″	23°42′33.609″	114°56′1.118″	23°42′43.163″
		5	F-50-15-1	115°2′34.245″	23°39′42.209″	115°2′12.045″	23°39′23.87″	115°2′4.176″	23°39′32.307″	115°2′25.439″	23°39′50.223″
		6	F-50-15-1	115°2′54.137″	23°39′32.017″	115°2′41.328″	23°39′23.719″	115°2′35.257″	23°39′34.982″	115°2′44.869″	23°39′46.397″
		7	F-50-15-1	115°3′5.754″	23°39′30.313″	115°3′3.974″	23°39′29.465″	115°3′.811″	23°39′30.863″	115°3′2.539″	23°39′32.141″
		8	F-50-15-1	115°3′24.491″	23°39′23.371″	115°3′14.669″	23°39′15.139″	115°3′7.448″	23°39′22.627″	115°3′9.862″	23°39′32.628″
		9	F-50-15-1	115°3′43.598″	23°39′41.341″	115°3′38.797″	23°39′36.301″	115°3′38.994″	23°39′37.589″	115°3′43.6″	23°39′41.513″

（续）

县市	乡镇	小班号	地图识别号	东 经度	东 纬度	南 经度	南 纬度	西 经度	西 纬度	北 经度	北 纬度
紫金县	黄塘镇	10	F-50-2-57	115°1′19.218″	23°41′2.641″	115°0′52.243″	23°40′51.811″	115°0′58.118″	23°41′2.951″	115°1′2.654″	23°41′9.973″
		11	F-50-2-57	115°2′1.85″	23°41′5.46″	115°1′56.595″	23°41′2.228″	115°1′56.916″	23°41′7.385″	115°1′59.827″	23°41′9.429″
		12	F-50-2-57	115°1′4.722″	23°40′27.599″	115°1′5.348″	23°40′18.05″	115°1′2.224″	23°40′30.583″	115°1′13.795″	23°40′34.442″
		13	F-50-2-63	114°57′9.118″	23°41′14.462″	114°57′4.42″	23°41′10.406″	114°56′56.391″	23°41′13.895″	114°57′2.25″	23°41′16.976″
		14	F-50-2-63	114°56′48.791″	23°41′32.282″	114°56′48.588″	23°41′24.785″	114°56′40.957″	23°41′33.637″	114°56′45.222″	23°41′34.574″
		15	F-50-2-64	114°55′58.349″	23°42′6.866″	114°55′54.193″	23°42′5.601″	114°55′50.685″	23°42′8.615″	114°55′51.993″	23°42′11.341″
	柏埔镇	1	F-50-2-55	114°53′34.935″	23°42′41.891″	114°53′31.457″	23°42′38.643″	114°53′20.279″	23°42′42.835″	114°53′26.641″	23°42′44.519″
		2	F-50-2-55	114°53′59.625″	23°42′42.27″	114°53′57.824″	23°42′38.41″	114°53′55.713″	23°42′43.84″	114°53′55.828″	23°42′46.935″
		3	F-50-2-55	114°54′18.544″	23°42′49.985″	114°54′11.702″	23°42′46.585″	114°54′4.973″	23°42′45.85″	114°54′9.946″	23°42′49.175″
		4	F-50-2-54	114°50′48.237″	23°43′5.357″	114°50′48.428″	23°43′.145″	114°50′43.417″	23°43′5.177″	114°50′45.914″	23°43′10.014″
东源县	义合镇	1	F-50-2-31	114°55′00.63″	23°52′13.90″	114°54′57.06″	23°52′10.25″	114°54′40.58″	23°52′12.41″	114°54′51.33″	23°52′19.55″
		2	F-50-2-31	114°54′49.27″	23°52′08.95″	114°54′35.64″	23°51′57.25″	114°54′29.35″	23°52′01.46″	114°54′45.56″	23°52′15.30″
		3	F-50-2-31	114°55′04.06″	23°52′08.82″	114°55′08.06″	23°51′59.55″	114°54′47.19″	23°52′12.88″	114°55′51.33″	23°52′15.40″
		4	F-50-2-31	114°55′13.16″	23°51′58.23″	114°55′08.02″	23°51′49.53″	114°55′03.23″	23°52′03.01″	114°55′08.14″	23°52′08.16″
		5	F-50-2-31	114°54′53.30″	23°52′0050″	114°54′48.49″	23°51′51.25″	114°54′43.50″	23°52′02.55″	114°54′49.34″	23°52′05.42″
		6	F-50-2-31	114°55′03.13″	23°51′49.82″	114°54′49.63″	23°51′42.69″	114°54′44.26″	23°51′42.53″	114°54′52.68″	23°51′51.43″
		7	F-50-2-31	114°55′15.01″	23°51′38.54″	114°55′06.59″	23°51′38.17″	114°54′58.43″	23°51′36.82″	114°55′15.19″	23°51′41.12″
		8	F-50-2-31	114°54′51.95″	23°51′36.63″	114°54′51.05″	23°51′34.82″	114°54′48.35″	23°51′36.12″	114°54′49.77″	23°51′37.78″
		9	F-50-2-31	114°54′47.55″	23°51′51.63″	114°54′04.40″	23°51′43.86″	114°54′34.15″	23°51′51.79″	114°54′40.83″	23°51′55.40″
		10	F-50-2-31	114°54′54.06″	23°51′41.05″	114°54′49.84″	23°51′38.71″	114°54′46.90″	23°51′39.44″	114°54′50.31″	23°51′41.89″

表 A-2　造林模式表

造林模式编号	造林树种配置	混交方式	造林时间	初植密度（株/亩）
Ⅰ	樟树18 荷木20 枫香18 山杜英18	不规则块状	2011	74
Ⅱ	樟树18 荷木20 相思18 火力楠18	不规则块状	2011	74
Ⅲ	荷木26 黎蒴12 樟树17 枫香19	不规则块状	2011	74
Ⅳ	荷木31 黎蒴18 樟树25	不规则块状	2011	74
Ⅴ	枫香16 荷木20 格木20 红锥18	不规则块状	2011	74
Ⅵ	枫香20 荷木32 火力楠6 樟树16	不规则块状	2011	74
Ⅶ	枫香26 荷木23 格木25	不规则块状	2011	74
Ⅷ	荷木22 枫香22 樟树15 红锥15	不规则块状	2011	74
Ⅸ	山杜英40 荷木14 樟树10 火力楠10	不规则块状	2011	74

注：造林树种配置，如山杜英40 荷木14 樟树10 火力楠10，表示一亩造林地中山杜英40株、荷木14株、樟树10株、火力楠10株。

本项目所涉及的五华县、兴宁市、紫金县和东源县具体树种选择及配置方式如下：

1）五华县主要选用樟树、荷木、枫香、山杜英、相思、火力楠6个树种进行随机混交种植。按模式Ⅰ（每亩：樟树18株；荷木20株；枫香18株；山杜英18株）和模式Ⅱ（每亩：樟树18株；荷木20株；相思18株；火力楠18株）共两种造林模式进行造林。

2）兴宁市主要选用荷木、黎蒴、樟树、枫香4种树种进行随机混交种植。按模式Ⅲ（每亩：荷木26株；黎蒴12株；樟树17株；枫香19株）和模式Ⅳ（每亩：荷木31株；黎蒴18株；樟树25株）共两种造林模式进行造林。

3）紫金县主要选用樟树、荷木、枫香、红锥、格木、火力楠6个树种进行随机混交种植。按模式Ⅴ（每亩：枫香16株；荷木20株；格木20株；红锥18株；）、模式Ⅵ（每亩：枫香20株；荷木32株；火力楠6株；樟树16株）和模式Ⅶ（每亩：枫香26株；荷木23株；格木25株）共三种造林模式进行造林。

4）东源县主要选用荷木、枫香、樟树、红锥、山杜英、火力楠6个树种进行随机混交种植。按模式Ⅷ（每亩：荷木22株；枫香22株；樟树15株；红锥15株）和模式Ⅸ（每亩：山杜英40株；荷木14株；樟树10株；火力楠10株）共两种造林模式进行造林。

本项目苗木选用了两年生的顶芽饱满、无病虫害的一级营养袋壮苗，实际苗高为 60 cm 以上。并且苗木均具备生产经营许可证、植物检疫证书、质量检验合格证和种源地标签，未使用无证、来源不清、带病虫害的不合格苗上山造林。本项目造林过程中优先采用了就地育苗或就近调苗，保证了造林成活率，减少了长距离运苗等活动造成的碳排放。为了防止水土流失，保护现有碳库，本项目造林过程中未进行炼山和全垦整地。采用了穴状割杂的方式清理林地，清理栽植穴周边的杂草，不伐除原有散生木，加强了对原生植被的保护。经广东省林业调查规划院（林业调查规划设计资质证书，甲 A 级，编号甲 A19-001）2012 年 6 月核查，确认本项目总体实施情况良好，实际造林面积与项目设计文件中描述的造林面积相同，成活率高，采用树种丰富，全面完成既定任务和目标[①]。

B.2　项目备案后的变更

B.2.1　监测计划或方法学的临时偏移

本监测期内不存在监测计划和方法学的临时偏移。

B.2.2　项目信息或参数的修正

本监测期内，将固定监测样地的形状由矩形改进为国际上使用最多、无面积闭合差、边界木最少、调查效率高的圆形样地[②]，监测样地面积与备案项目设计文件（PDD）中规定完全一样（圆形样地面积 0.06hm^2，圆形样地半径 13.82m），抽取样地数量不变（44 个固定样地）；鉴于广东阔叶树材积公式（材积表）不完善，本监测报告中对 PDD 中阔叶树的材积公式进行改进、修正，统一采用与项目区气候、立地条件相似的广西阔叶树二元材积公式[③]（该材积式也是全球首个 CDM 造林/再造林项目"广西珠江流域治理再造林项目"中监测样地阔叶树材积计算所采用的材积公式，详见该项目第一监测期监测报告第 24 页，网址：http://cdm.unfccc.int/Projects/DB/TUEV-SUED1154534875.41）计算监测样地的阔叶树材积；将项目设计文件中引用的 IPCC（2006）的林木生物量含碳率（CF）缺省值改进为广东省林业调查规划

---

①　2012 年 6 月，广东省林业调查规划院完成本项目验收工作，并出具《广东长隆碳汇造林项目建设成效核查报告》；

②　宋新民，李金良．抽样调查技术（北京林业大学重点建设教材）．北京：中国林业出版社，北京：2007，P32．

③　森林调查手册．1986．广西林业勘察设计院．

院实际测量的当地阔叶树 *CF* 值[①]。除此之外，不存在其余项目信息和参数的修正。

B. 2. 3　监测计划或方法学永久性的变更

本监测期内不存在监测计划和方法学的永久性变更。

B. 2. 4　项目设计的变更

本监测期内不存在项目设计的变更。

B. 2. 5　计入期开始时间的变更

本监测期内不存在计入期开始时间的变更。

B. 2. 6　项目的变更

本监测期内不存在相关事项的变更。

C 部分：对监测系统的描述

C. 1　监测组织架构与职责

为了确保完整、连续、清晰、精确的项目监测和项目计入期减排量的准确计算，广东翠峰园林绿化有限公司针对广东长隆碳汇造林项目专门成立了温室气体自愿减排量监测工作组，工作组由广东翠峰园林绿化有限公司总经理直接领导。工作组分监测记录小组和报告编写小组，各小组成员由公司人员和规划院人员共同组成。总经理在碳汇造林项目监测管理全过程中，负责宏观指导，对重大事宜进行决策。监测记录小组在项目所在县林业局配合下开展监测工作，负责数据监测、记录、资料保存。报告编写小组负责监测数据审核和项目减排量的计算，完成项目监测报告的编写。监测组织机构如图 C. 1 所示：

---

① 刘飞鹏，肖智慧. 广东省林业碳汇计量研究与实践. 北京：中国林业出版社，2013，P83.

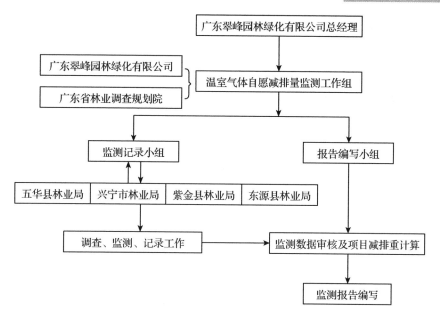

C.1　监测组织构架

C.2　监测方法学

本项目采用国家发展改革委备案的方法学 AR-CM-001-V01《碳汇造林项目方法学》作为监测依据。

C.3　基线碳汇量的监测

根据《方法学》，本项目采用经审定和备案的项目设计文件中的基线碳汇量，不需要对基线碳汇量进行监测。

C.4　项目活动的监测

项目活动的监测需对项目运行期内的森林经营项目活动（抚育等）和项目区内森林灾害（毁林、林火、病虫害等）发生情况以及项目边界与面积进行监测并详细记录。其中，发生森林灾害的边界、面积监测，利用 ≥ 1∶10000的地形图现场勾绘，或利用误差小于5m 的 GPS 直接测定，或利用高分辨率卫片等地理空间数据判读确定其地理边界，测定面积，面积监测误差小于5%。如果发生毁林、火灾或病虫害等导致边界内的土地利用方式发生变化，应确定其边界并将发生土地利用变化的地块调整到边界之外，已移出项目边界的地块，自移出之日起将不再纳入项目边界内。

监测结果表明，第一监测期，按项目设计开展项目活动，项目区内未发生森林灾害（毁林、林火、病虫害等）。

C.5 项目边界的监测

按本项目监测计划，本监测期内对项目边界、面积监测，利用 $1:10000$ 的地形图结合项目作业设计图进行现场勾绘，核实每个小班（地块）的地理边界，用地理信息系统计算面积，面积监测误差小于5%，保证获得真实可靠的项目边界和面积。

C.6 项目碳汇量的监测

项目碳汇量，等于拟议的项目活动边界内各碳库碳储量的变化量之和，减去项目新增排放量，即：

$$\Delta C_{ACTURAL,t} = \Delta C_{P,t} - GHG_{E,t} \tag{1}$$

式中：

$\Delta C_{ACTURAL,t}$ ——第 t 年时，项目碳汇量，$tCO_2e \cdot a^{-1}$

$\Delta C_{P,t}$ ——第 t 年时，项目边界内所选碳库的碳储量变化量，$tCO_2e \cdot a^{-1}$

$GHG_{E,t}$ ——第 t 年时，由于项目活动的实施所导致的项目边界内非 CO_2 温室气体排放的增加量，$tCO_2e \cdot a^{-1}$

根据《方法学》和获得备案的项目 PDD，在项目情景下，本项目均不考虑项目边界内灌木、枯死木、枯落物、土壤有机碳、收获的木产品等碳储量变化量，所以均设为0。根据《方法学》的适用条件，项目活动不涉及全面清林和炼山等有控制火烧，本项目主要考虑项目边界内森林火灾引起生物质燃烧造成的温室气体排放。因此，在第 t 年时，项目边界内所选碳库碳储量变化量的计算方法如下：

$$\Delta C_{P,t} = \Delta C_{TREE\_PROJ,t} \tag{2}$$

式中：

$\Delta C_{P,t}$ ——第 t 年时，项目边界内所选碳库的碳储量变化量，$tCO_2e \cdot a^{-1}$

$\Delta C_{TREE\_PROJ,t}$ ——第 t 年时，项目边界内林木生物量碳储量变化量，$tCO_2e \cdot a^{-1}$

C.6.1　林木生物质碳储量的监测

第一步：固定样地每木检尺。根据备案项目设计文件中的监测计划，在2015年1月，实测项目区内每个固定样地内所有新造林木的胸径(DBH)和树高(H)，并分树种记录在固定监测样地记录表中。

第二步：使用阔叶树二元材积公式①(见公式3)计算单株林木材积(V)，采用"生物量扩展因子法"计算样地内全部造林树种的林木生物量。将样地内造林树种的林木生物量累加，得到样地生物量。采用各造林树种的含碳率，将各造林树种的生物量换算为生物质碳储量，累加得到样地水平的林木生物质碳储量。

$$V = 0.0000667054 * (DBH)^{1.8479545} * H^{0.96657509} \tag{3}$$

式中：

V　　　　—林木材积，$m^3 \cdot 株^{-1}$

DBH　　—林木胸径，cm

H　　　　—树高，m

各树种基本木材密度、生物量扩展因子、地下生物量与地上生物量比等相关参数，采用备案项目设计文件中 B.6.4. 事前确定的不需要监测的数据和参数(见本监测报告中事前确定的不需要监测的数据和参数)。

第三步：根据公式(4)、(5)(《方法学》公式(33)、(34))计算第 i 层样本平均数(平均单位面积林木生物质碳储量估计值)及其方差。

$$c_{TREE,i,t} = \frac{\sum_{p=1}^{n_i} c_{TREE,p,i,t}}{n_i} \tag{4}$$

$$S^2_{c_{TREE,i,t}} = \frac{\sum_{p=1}^{n_i} (c_{TREE,p,i,t} - c_{TREE,i,t})^2}{n_i * (n_i - 1)} \tag{5}$$

式中：

$c_{TREE,i,t}$　　　—第 t 年第 i 层项目碳层平均单位面积林木生物质碳储量的估计值，$tCO_2 e \cdot hm^{-2}$

$c_{TREE,p,i,t}$　　　—第 t 年第 i 项目碳层样地 p 的单位面积林木生物质碳储量，$tCO_2 e \cdot hm^{-2}$

① 1. http：//cdm. unfccc. int/Projects/DB/TUEV-SUED1154534875. 41，见广西珠江流域再造林项目第一期监测报告第24页.

n_i —第 i 项目碳层的样地数

$S^2_{c_{TREE,i,t}}$ —第 t 年第 i 项目碳层平均单位面积林木生物质碳储量估计值的方差，$(tCO_2e \cdot hm^{-2})^2$

p —1，2，3，…，第 i 项目碳层中的样地

i —1，2，3，…，项目碳层

t —1，2，3，…，自项目活动开始以来的年数

第四步：利用公式（6）、（7）《方法学》中公式（35）、（36），计算项目总体平均数（平均单位面积林木生物质碳储量估计值）及其方差。

$$c_{TREE,t} = \sum_{i=1}^{M} (w_i * c_{TREE,i,t}) \tag{6}$$

$$S^2_{c_{TREE,t}} = \sum_{i=1}^{M} (w_i^2 * S^2_{c_{TREE,i,t}}) \tag{7}$$

式中：

$c_{TREE,t}$ —第 t 年项目边界内的平均单位面积林木生物质碳储量的估计值，$tCO_2e \cdot hm^{-2}$

w_i —第 i 项目碳层面积与项目总面积之比（面积权重），$w_i = A_i / A$，无量纲

$c_{TREE,i,t}$ —第 t 年第 i 项目碳层的平均单位面积林木生物质碳储量的估计值，$tCO_2e \cdot hm^{-2}$

n_i —第 i 项目碳层的样地数

$S^2_{c_{TREE,t}}$ —第 t 年第 i 项目碳层平均单位面积林木生物质碳储量估计值的方差，$(tCO_2e \cdot hm^{-2})^2$

M —项目边界内估算林木生物质碳储量的分层总数

i —项目碳层

t —自项目活动开始以来的年数

第五步：采用公式（8）（《方法学》中公式（37）），计算项目边界内单位面积林木生物质碳储量估计值的不确定性（相对误差限）。

$$u_{C_{TREE,t}} = \frac{t_{VAL} * S_{c_{TREE,t}}}{c_{TREE,t}} \tag{8}$$

式中：

$u_{C_{TREE,t}}$ —第 t 年，项目边界内平均单位面积林木生物质碳储量的估计值的不确定性（相对误差限），%；要求相对误差 ≤10%，即

抽样精度≥90%

t_{VAL} ——可靠性指标。自由度等于 n – M(其中 n 是项目边界内监测样地总数,M 是林木生物量估算的层数),置信水平(可靠性)为 90%,查 t 分布双侧分位数表获得。本项目中,可靠性为 90%,自由度为 35 时,双侧 t 分布的 t 值在 Excel 电子表中输入" = TINV(0. 10,35)"可以计算得到 t 值为 1. 6896

$S_{c_{TREE,t}}$ ——第 t 年,项目边界内平均单位面积林木生物质碳储量的估计值的方差的平方根(即标准误差),$tCO_2 e \cdot hm^{-2}$

第六步:采用公式(8)(《方法学》中公式(38)),计算第 t 年项目边界内林木生物质总碳储量。

$$C_{TREE,t} = A * c_{TREE,t} \tag{8}$$

式中:

$C_{TREE,t}$ ——第 t 年项目边界内林木生物质碳储量的估计值,tCO_2e

A ——项目边界内碳层的面积总和,hm^2

$c_{TREE,t}$ ——第 t 年项目边界内平均单位面积林木生物质碳储量估计值,tCO_2e/hm^2

第七步:采用公式(9)(《方法学》中公式(39)),计算项目边界内林木生物质碳储量的年变化量。

$$dC_{TREE(t_1,t_2)} = \frac{C_{TREE,t_2} - C_{TREE,t_1}}{T} \tag{9}$$

式中:

$dC_{TREE(t_1,t_2)}$ ——第 t_1 年和第 t_2 年之间项目边界内林木生物质碳储量变化量,$tCO_2e \cdot a^{-1}$

$C_{TREE,t}$ ——第 t 年时项目边界内林木生物质碳储量估计值,tCO_2e

T ——两次连续测定的时间间隔($T = t_2 - t_1$),a

t_1,t_2 ——自项目活动开始以来的第 t_1 年和第 t_2 年

首次核证时,将项目活动开始时的林木生物质碳储量赋值给《方法学》中公式(39)中的 C_{TREE,t_1},即 $C_{TREE,t_1} = C_{TREE\_BSL}$,此时 $t_1 = 0$,$t_2 = $ 首次核查的年份。

第八步:采用公式(10)(《方法学》中公式(40)),计算核查期内第 t 年时,项目边界内林木生物质碳储量的变化量。

$$\Delta C_{TREE,t} = dC_{TREE(t_1,t_2)} * 1 \tag{10}$$

式中：

$\Delta C_{TREE,t}$ —第 t 年时项目边界内林木生物质碳储量估计值，tCO_2e
$\cdot a^{-1}$

$dC_{TREE(t_1,t_2)}$ —第 t_1 年和第 t_2 年之间项目边界内林木生物质碳储量变化
量，$tCO_2e \cdot a^{-1}$

1 —1 年，a

C.6.2 项目边界内温室气体排放的增加量的监测

详细记录项目边界内的每一次森林火灾（如果有）发生的时间、面积、
地理边界等信息，并按公式（11）、（12）、（13）(《方法学》中公式（25）、公
式（26）、公式（27）)计算项目边界内因森林火灾燃烧地上林木生物量所引起
的温室气体排放（ $GHG_{E,t}$ ）。

对于项目事后估计，项目边界内温室气体排放的估算方法如下：

$$GHG_{E,t} = GHG_{FF\_TREE,t} + GHG_{FF\_DOM,t} \tag{11}$$

式中：

$GHG_{E,t}$ —第 t 年时，项目边界内温室气体排放的增加量，tCO_2e
$\cdot a^{-1}$

$GHG_{FF\_TREE,t}$ —第 t 年时，项目边界内由于森林火灾引起林木地上生物质
燃烧造成的非 CO_2 温室气体排放的增加量，$tCO_2e \cdot a^{-1}$

$GHG_{FF\_DOM,t}$ —第 t 年时，项目边界内由于森林火灾引起死有机物燃烧
造成的非 CO_2 温室气体排放的增加量，$tCO_2e \cdot a^{-1}$

t —1，2，3，…，项目开始以后的年数，年（a）

森林火灾引起林木地上生物质燃烧造成的非 CO_2 温室气体排放，使用最
近一次项目核查时（ t_L ）的分层、各碳层林木地上生物量数据和燃烧因子进行
计算。第一次核查时，无论自然或人为原因引起森林火灾造成林木燃烧，其
非 CO_2 温室气体排放量都假定为 0。

$$GHG_{FF\_TREE,t} = 0.001 * \sum_{i=1} A_{BURN,i,t} * b_{TREE,i,t_L} * COMF_i$$
$$* (EF_{CH_4} * GWP_{CH_4} + EF_{N_2O} * GWP_{N_2O}) \tag{12}$$

式中：

$GHG_{FF\_TREE,t}$ —第 t 年时，项目边界内由于森林火灾引起林木地上生物质
燃烧造成的非 CO_2 温室气体排放的增加量，$tCO_2e \cdot a^{-1}$

$A_{BURN,i,t}$ —第 t 年时，项目第 i 层发生燃烧的土地面积，hm^2

b_{TREE,i,t_L}	——火灾发生前，项目最近一次核查时（第 t_L 年）第 i 层的林木地上生物量。如果只是发生地表火，即林木地上生物量未被燃烧，则 $B_{TREE,i,t}$ 设定为 0，$t \cdot hm^{-2}$
$COMF_i$	——项目第 i 层的燃烧指数（针对每个植被类型）；无量纲
$EF_{CH_4,i}$	——项目第 i 层的 CH_4 排放指数，$g\ CH_4 \cdot kg^{-1}$
$EF_{N_2O,i}$	——项目第 i 层的 N_2O 排放指数，$g\ N_2O \cdot kg^{-1}$
GWP_{CH_4}	—— CH_4 的全球增温潜势，用于将 CH_4 转换成 CO_2 当量，缺省值为 25
GWP_{N_2O}	—— N_2O 的全球增温潜势，用于将 N_2O 转换成 CO_2 当量，缺省值为 298
i	——1，2，3，…，项目第 i 碳层，根据第 t_L 年核查时的分层确定
t	——1，2，3，…，项目开始以后的年数，年（a）
0.001	——将 kg 转换成 t 的常数

森林火灾引起死有机物质燃烧造成的非 CO_2 温室气体排放，应使用最近一次核查（t_L）的死有机质碳储量来计算。第一次核查时由于火灾导致死有机质燃烧引起的非 CO_2 温室气体排放量设定为 0，之后核查时的非 CO_2 温室气体排放量计算如下：

$$GHG_{FF\_DOM,t} = 0.07 * \sum_{i=t} \left[A_{BURN,i,t} * (C_{DW,i,t_L} + C_{LI,i,t_L}) \right] \qquad （13）$$

式中：

$GHG_{FF\_DOM,t}$	——第 t 年时，项目边界内由于森林火灾引起死有机物燃烧造成的非 CO_2 温室气体排放的增加量，$tCO_2e \cdot a^{-1}$
$A_{BURN,i,t}$	——第 t 年时，项目第 i 层发生燃烧的土地面积，hm^2
C_{DW,i,t_L}	——火灾发生前，项目最近一次核查时（第 t_L 年）第 i 层的枯死木单位面积碳储量，$tCO_2e \cdot hm^{-2}$
C_{LI,i,t_L}	——火灾发生前，项目最近一次核查时（第 t_L 年）第 i 层的枯落物单位面积碳储量，$tCO_2e \cdot hm^{-2}$
i	——1，2，3，…，项目第 i 碳层，根据第 t_L 年核查时的分层确定
t	——1，2，3，…，项目开始以后的年数，年（a）

0.07 ——非 CO_2 排放量占碳储量的比例，使用 IPCC 缺省值 (0.07)

C.7 监测人员培训

所有参与监测工作的工作人员必须接受培训，培训内容包括但不限于：国家自愿减排交易有关规则、碳汇造林项目方法学、备案的项目 PDD 及其监测计划、固定样地调查技术、数据处理技术、质量保证与质量控制、数据管理、监测报告编写方法等。

C.8 数据管理

建立文件的管理系统（包括监测计划、准备文件、监测文件、项目边界监测、项目活动监测、监测固定样地等）、核查文件、阶段性核查文件以及过期文件的处理等，将监测数据电子化后与纸质文件一起保存至计入期结束后或最后一次签发后（两者发生较晚的为准）2 年以上。

D 部分：数据和参数

D.1 事前或者更新计入期时确定的数据和参数

数据／参数	$D_{TREE,j}$			
数据单位	t/m^3			
描述	树种的基本木材密度			
数据来源	使用《中华人民共和国气候变化第二次国家信息通报》"土地利用变化和林业温室气体清单"中的数值（见《方法学》P32），查表可得，拟议项目所涉及的树种 D 值。			
使用的值	**涉及树种基本木材密度（D）值**			
	树种	基本木材密度	树种	基本木材密度
	马尾松	0.380	火力楠	0.443
	桉树	0.578	樟树	0.460
	荷木	0.598	山杜英	0.598
	枫香	0.598	相思	0.443
	红锥	0.598	格木	0.598
	藜蒴	0.443		
数据用途	用于将树干材积转换为树干生物量			
其他说明	在基线情景下用 $D_{TREE\_BSL,j}$ 表示；在项目情景下用 $D_{TREE\_PROJ,j}$ 表示			

数据／参数	$BEF_{TREE,j}$
数据单位	无量纲
描述	树种的生物量扩展因子
数据来源	使用《中华人民共和国气候变化第二次国家信息通报》"土地利用变化和林业温室气体清单"中的数值(见《方法学》P33),查表可得,拟议项目所涉及的树种的 BEF 值。

涉及树种生物量扩展因子(BEF)值

树种	生物量扩展因子	树种	生物量扩展因子
马尾松	1.472	火力楠	1.586
桉树	1.263	樟树	1.412
荷木	1.894	山杜英	1.674
枫香	1.765	相思	1.479
红锥	1.674	格木	1.674
藜蒴	1.586		

数据／参数	
使用的值	(见上表)
数据用途	用于将树干生物量转换为地上生物量
其他说明	(1)当用于生长在开阔地带的散生木时,BEF 值增加30%; (2)在基线情景下用 $B_{EFTREE\_BSL,j}$ 表示;项目情景下用 $B_{EFTREE\_PROJ,j}$ 表示。

数据／参数	$R_{TREE,j}$
数据单位	无量纲
描述	树种的地下生物量与地上生物量之比
数据来源	使用《中华人民共和国气候变化第二次国家信息通报》"土地利用变化和林业温室气体清单"中的数值(见《方法学》P31),查表可得,拟议项目所涉及的树种的 R 值。

涉及树种地下生物量与地上生物量比值

树种	$R_{TREE,j}$	树种	$R_{TREE,j}$
马尾松	0.187	火力楠	0.289
桉树	0.221	樟树	0.275
荷木	0.258	山杜英	0.261
枫香	0.398	相思	0.207
红锥	0.261	格木	0.261
藜蒴	0.289		

数据／参数	
使用的值	(见上表)
数据用途	用于将地上生物量转换为整株林木的生物量
其他说明	在基线情景下用 $R_{TREE\_BSL,j}$ 表示;在项目情景下用 $R_{TREE\_PROJ,j}$ 表示

数据／参数	$CF_{TREE,j}$
数据单位	tC／t(吨碳/吨生物量)
描述	树种的生物量含碳率，用于将生物量转换成含碳量
数据来源	采用广东省林业调查规划院的实测值。根据广东省林业调查规划院实际测定广东地区主要阔叶树种标准木 60 株的结果，广东地区硬阔类树木的生物量平均含碳率(CF)值为 0.5238，软阔类树木的 CF 平均值为 0.5232，所有阔叶树 CF 平均值为 0.524(详见：刘飞鹏，肖智慧. 广东省林业碳汇计量研究与实践. 北京：中国林业出版社，2013，P83)。该数值是当地专业机构在当地采样实际测定的结果，优于 IPCC 的默认值。
使用的值	本项目所涉及所有阔叶树种的 CF 值取 0.524
数据用途	将生物量转化为含碳量，计算碳储量
其他说明	在基线情景下用 $CF_{TREE\_BSL,j}$ 表示；在项目情景下用 $CF_{TREE\_PROJ,j}$ 表示

数据／参数	$COMF_i$		
数据单位	无量纲		
描述	燃烧指数(针对每个植被类型)		
数据来源	因缺乏更优数据，采用《方法学》P41 中的默认值		
使用的值	森林类型	林龄(年)	缺省值
	热带森林	3~5	0.46
		6~10	0.67
		11~17	0.50
		≥18	0.32
数据用途	发生森林火灾时，计算排放量		
其他说明	采用最接近项目区森林类型的数据		

数据/参数	EF_{CH_4}
数据单位	gCH_4/kg
描述	CH_4 排放因子
数据来源	因缺乏更优数据，采用《方法学》P42 中的默认值
使用的值	热带森林 6.8
数据用途	发生森林火灾时，计算排放量
其他说明	采用最接近项目区森林类型的数据

数据/参数	EF_{N_2O}
数据单位	gN_2O/kg
描述	N_2O 排放因子
数据来源	因缺乏更优数据，采用《方法学》P42 中的默认值
使用的值	热带森林 0.20
数据用途	发生森林火灾时，计算排放量
其他说明	采用最接近项目区森林类型的数据

数据/参数	DF_{LI}
单位	%
描述	枯落物碳储量与活立木生物质碳储量之比
数据/参数来源	IPCC 缺省值
数据/参数的值	4%
数据/参数的用途	计算枯落物碳储量
其他说明	无

D. 2　监测的数据和参数

数据/参数	A_i
数据单位	hm^2
应用的公式编号	《方法学》中公式(6)、公式(31)、公式(32)
描述	第 i 项目碳层的面积
数据来源	野外测定
测定步骤	采用国家森林资源清查或森林规划设计调查使用的标准操作程序。测量工具：套 1:10000 地形图的作业设计图，GPS。
监测时间	第一次监测时间：2015 年 1 月
QA/QC	采用国家森林资源调查使用的质量保证和质量控制（QA/QC）程序，面积测定误差不大于 5%。监测过程的所有数据均同时以纸质和电子版方式归档保存，且保存至计入期结束后 2 年。
其他说明	监测结果，A1 = 182. 2ha；A2 = 84. 5ha；A3 = 172. 5ha；A4 = 94. 2ha；A5 = 100. 0ha；A6 = 54. 1ha；A7 = 45. 9ha；A8 = 124. 1ha；A9 = 9. 2ha。面积误差小于 5%，符合精度要求。

数据／参数	A_p
数据单位	hm^2
描述	固定样地面积，0.06hm^2/个
应用的公式编号	《方法学》中公式(31)、公式(32)、公式(33)
数据来源	野外测定、核实
测定步骤	采用国家森林资源清查或森林规划设计调查使用的标准操作程序。测量工具：皮尺(用于测量样圆半径 R = 13.82m)，GPS(测定圆形样地中心地理坐标)。
监测时间	第一次监测时间：2015 年 1 月
QA/QC	采用国家森林资源调查使用的质量保证和质量控制(QA/QC)程序。监测过程的所有数据均同时以纸质和电子版方式归档保存，且保存至计入期结束后 2 年。
其他说明	共准确测定了44 个圆形固定样地。

数据／参数	*DBH*
数据单位	cm
应用的公式编号	《方法学》中公式(6)
描述	胸径(*DBH*)，用于利用材积公式计算林木材积
数据来源	野外测定(用钢制测径尺测量林木胸高 1.3m 的处的直径)
测定步骤	采用国家森林资源清查或森林规划设计调查使用的标准操作程序。测量工具：钢制测径尺。
监测时间	第一次监测时间：2015 年 1 月
QA/QC	采用国家森林资源调查使用的质量保证和质量控制(QA/QC)程序。即每木检尺株数：胸径(DBH)≥8cm 的应检尺株数不允许有误差；胸径 <8cm 的应检尺株数，允许误差为 5%，但最多不超过 3 株。 胸径测定：胸径 ≥20cm 的树木，胸径测量误差应小于 1.5%，测量误差 1.5% ~3.0% 的株数不能超过总株数的 5%；胸径 <20cm 的树木，胸径测量误差 <0.3cm，测量误差在大于 0.3cm 小于 0.5cm 的株数不允许超过总株数的 5%。监测过程的所有数据均同时以纸质和电子版方式归档保存，且保存至计入期结束后 2 年。
其他说明	测定结果详见固定样地记录表。

数据／参数	H
数据单位	m
应用的公式编号	《方法学》中公式（6）
描述	树高（H），用于利用材积公式计算林木材积
数据来源	野外测定（用测杆或测高器实测）
测定步骤	采用国家森林资源清查或森林规划设计调查使用的标准操作程序。测量工具：测杆或布鲁莱斯测高器。
监测时间	第一次监测时间：2015 年 1 月
QA／QC	采用国家森林资源调查使用的质量保证和质量控制（QA/QC）程序。树高测量允许误差不大于 5%。监测过程的所有数据均同时以纸质和电子版方式归档保存，且保存至计入期结束后 2 年。
其他说明	测定结果详见固定样地记录表。

数据／参数	$A_{BURN,i,t}$
数据单位	hm^2
应用的公式编号	《方法学》中公式（25）、公式（26）、公式（27）
描述	第 t 年第 i 层发生火灾的面积
数据来源	野外测量或遥感监测
测定步骤	用 1∶10000 地形或造林作业验收图现场勾绘发生火灾危害的面积，或采用符合精度要求的 GPS 和遥感图像测量火灾面积。测量工具：GPS，造林作业验收图。
监测频率	每次森林火灾发生时均须测量
QA／QC	采用国家森林资源调查使用的质量保证和质量控制（QA/QC）程序，面积测量误差不大于 5%。监测过程的所有数据均同时以纸质和电子版方式归档保存，且保存至计入期结束后 2 年。
其他说明	本监测期内未发生火灾，发生火灾面积为 0。

D.3　抽样方案实施情况

D.3.1　事后分层

该项目的事后分层同事前分层，即将项目区分为 9 个碳层，共计 866.7hm^2（13000 亩）。具体事后项目分层如表 D-1。

表 D-1　事后项目分层表

项目碳层	造林树种	层面积(ha)	层面积(亩)
PROJ-1	樟树 18 荷木 20 枫香 18 山杜英 18	182.2	2733
PROJ-2	樟树 18 荷木 20 相思 18 火力楠 18	84.5	1267
PROJ-3	荷木 26 黎蒴 12 樟树 17 枫香 19	172.5	2587
PROJ-4	荷木 31 黎蒴 18 樟树 25	94.2	1413
PROJ-5	枫香 16 荷木 20 格木 20 红锥 18	100.0	1500
PROJ-6	枫香 20 荷木 32 火力楠 6 樟树 16	54.1	811.5
PROJ-7	枫香 26 荷木 23 格木 25	45.9	688.5
PROJ-8	荷木 22 枫香 22 樟树 15 红锥 15	124.1	1862
PROJ-9	山杜英 40 荷木 14 樟树 10 火力楠 10	9.2	138
合计		866.7	13000

D.3.2　抽样设计

采用基于固定样地的分层抽样方法监测项目碳汇量。通过建立固定监测样地监测每一个碳层相关碳库变化。碳层内其余部分应该同等对待，并防止在项目计入期内被毁林。

根据《方法学》的要求，考虑到项目地树种组成、立地条件等因素，样地面积采用 0.06hm^2（$600\ \text{m}^2$ 的圆形样地，半径 13.82m）。

使用《方法学》中公式(31)，按照 90% 的可靠性和 90% 的抽样精度要求，计算项目所需监测的固定样地数量见公式(14)：

$$n = \left(\frac{t_{VAL}}{E}\right)^2 * \left(\sum_i w_i * s_i\right)^2 \qquad 公式(14)$$

式中：

n ——项目边界内估算碳储量所需的监测样地数量，无量纲

t_{VAL} ——可靠性指标；在一定的可靠性水平下，自由度为无穷(∞)时查 t 分布双侧 t 分位数表的 t 值，无量纲

w_i ——项目边界内第 i 项目碳层的面积权重，$w_i = A_i/A$ 其中 A 是项目总面积，A_i 是第 i 项目碳层的面积，无量纲

S_i ——项目边界内第 i 层碳储量估计值的标准差，$\text{tC} \cdot \text{hm}^{-2}$

E ——项目碳储量估计值的允许的误差范围（即绝对误差限），$\text{tC} \cdot \text{hm}^{-2}$

i ——1，2，，3，…，项目碳层

分配到各层的监测样地数量，采用《方法学》中公式(32)最优分配法进行计算，见公式(15)：

$$n_i = n * \frac{w_i * s_i}{\sum\limits_{i=1} w_i * s_i} \qquad 公式(15)$$

式中：

n_i　—项目边界内第 i 项目碳层估算生物质碳储量所需的监测样地数量，无量纲

i　—1，2，，3，…，项目碳层

取项目区样地调查的各层生物质碳储量作为样本，根据林业调查的经验可知，造林地块树种越多，变异系数越大。当造林树种数不多于 3 种时，变动系数 C 取 0.3；当造林树种数多于 3 种时，变异系数 C 取 0.4，从而得到估算出各层的标准差 s_i(各碳层单位面积碳储量×变动系数)，计算得到 n = 40。按照公式(10)和每层不少于三个固定样地的要求(满足统计需要)，分配各层样地数，最后确定总样地数为 44 个，各项目碳层样地数见表 D-2。

表 D-2　固定样地分配表

项目碳层编号	样地数(个)	样地编号	项目碳层编号	样地数(个)	样地编号
PROJ-1	9	P101—P109	PROJ-6	3	P630—P632
PROJ-2	4	P210—P213	PROJ-7	3	P733—P735
PROJ-3	8	P314—P321	PROJ-8	6	P836—P841
PROJ-4	3	P422—P424	PROJ-9	3	P942—P944
PROJ-5	5	P525—P529	样地合计数	44	

D.3.3　样地设置

按照《方法学》和分层抽样的样地最优分配法的要求，在各层中采用随机起点、系统布设固定样地，要求固定监测样地在各层空间分布比较均匀，样本具有代表性，监测样地大小设定为 0.06hm²，样地形状为圆形(样圆半径为 13.82m)。如果图上布设的样地落在项目区林地的边缘，实地调查时应向林内平移 10m，以减少边缘效应对数据质量的影响。用定位误差合格的 GPS 在现地进行导航找点，确定样地中心点位置，及记录坐标等基本信息，并在圆形样地中心点埋设 PVC 管，以便后续监测复位查找。并在每个监测期进行复位监测(可利用 GPS 导航进行复位)。固定监测样地布设情况见表 D-3：

表 D3 固定样地布设表

样地编号	省市	市(县级市)/县	乡镇	所在项目碳层编号
P101	广东省梅州市	五华县	转水镇	PROJ-1
P102	广东省梅州市	五华县	转水镇	PROJ-1
P103	广东省梅州市	五华县	转水镇	PROJ-1
P104	广东省梅州市	五华县	转水镇	PROJ-1
P105	广东省梅州市	五华县	转水镇	PROJ-1
P106	广东省梅州市	五华县	转水镇	PROJ-1
P107	广东省梅州市	五华县	转水镇	PROJ-1
P108	广东省梅州市	五华县	转水镇	PROJ-1
P109	广东省梅州市	五华县	转水镇	PROJ-1
P210	广东省梅州市	五华县	华城镇	PROJ-2
P211	广东省梅州市	五华县	华城镇	PROJ-2
P212	广东省梅州市	五华县	华城镇	PROJ-2
P213	广东省梅州市	五华县	华城镇	PROJ-2
P314	广东省梅州市	兴宁市	径南镇	PROJ-3
P315	广东省梅州市	兴宁市	径南镇	PROJ-3
P316	广东省梅州市	兴宁市	径南镇	PROJ-3
P317	广东省梅州市	兴宁市	径南镇	PROJ-3
P318	广东省梅州市	兴宁市	径南镇	PROJ-3
P319	广东省梅州市	兴宁市	永和镇	PROJ-3
P320	广东省梅州市	兴宁市	永和镇	PROJ-3
P321	广东省梅州市	兴宁市	永和镇	PROJ-3
P422	广东省梅州市	兴宁市	叶塘镇	PROJ-4
P423	广东省梅州市	兴宁市	永和镇	PROJ-4
P424	广东省梅州市	兴宁市	叶塘镇	PROJ-4
P525	广东省梅州市	紫金县	柏埔镇	PROJ-5
P526	广东省河源市	紫金县	柏埔镇	PROJ-5
P527	广东省河源市	紫金县	柏埔镇	PROJ-5
P528	广东省河源市	紫金县	附城镇	PROJ-5
P529	广东省河源市	紫金县	附城镇	PROJ-5
P630	广东省河源市	紫金县	黄塘镇	PROJ-6
P631	广东省河源市	紫金县	黄塘镇	PROJ-6
P632	广东省河源市	紫金县	黄塘镇	PROJ-6
P733	广东省河源市	紫金县	黄塘镇	PROJ-7
P734	广东省河源市	紫金县	黄塘镇	PROJ-7

（续）

样地编号	省市	市（县级市）/县	乡镇	所在项目碳层编号
P735	广东省河源市	紫金县	黄塘镇	PROJ-7
P836	广东省河源市	东源县	义合镇	PROJ-8
P837	广东省河源市	东源县	义合镇	PROJ-8
P838	广东省河源市	东源县	义合镇	PROJ-8
P839	广东省河源市	东源县	义合镇	PROJ-8
P840	广东省河源市	东源县	义合镇	PROJ-8
P841	广东省河源市	东源县	义合镇	PROJ-8
P942	广东省河源市	东源县	义合镇	PROJ-9
P943	广东省河源市	东源县	义合镇	PROJ-9
P944	广东省河源市	东源县	义合镇	PROJ-9

E 部分：项目减排量的计算

E.1　基线碳汇量的计算

本项目在编制项目设计文件时，通过事前预估确定了基线碳汇量（见表E-1），项目在通过审定和备案（注册）后，在项目计入期内是有效的，因此不需要对基线碳汇量进行监测。

表 E-1　项目第一监测期内基线碳汇量数据表

项目年份	基线碳汇量年变化量（tCO$_2$e/a）	基线碳汇量年变化量累积（tCO$_2$e）
2011.1.1～2011.12.31	327	
2012.1.1～2012.12.31	434	761
2013.1.1～2013.12.31	543	1304
2014.1.1～2014.12.31	648	1952

E.2　项目碳汇量的计算

E.2.1　林木生物质碳储量的计算

根据本报告 C 部分 6.1 节第二步，计算固定样地内每株树生物量、生物质碳储量及样地林木碳储量，44 个固定样地的林木碳储量计算结果见表 E-2：

表 E2　固定样地碳储量一览表

固定样地编号	单位面积碳储量（$tCO_2e/0.06hm^2$）	固定样地编号	单位面积碳储量（$tCO_2e/0.06hm^2$）
P101	0.2954	P423	0.2641
P102	0.1415	P424	0.2740
P103	0.0503	P525	0.6256
P104	0.0587	P526	1.3367
P105	0.1094	P527	0.4533
P106	0.1920	P528	0.6188
P107	0.2808	P529	0.1552
P108	0.3369	P630	0.1062
P109	0.1357	P631	0.1673
P210	0.1334	P632	0.0266
P211	0.3267	P733	0.7426
P212	0.1424	P734	0.3042
P213	0.5481	P735	0.0282
P314	0.1018	P836	0.7836
P315	0.1944	P837	0.0249
P316	0.1761	P838	1.6049
P317	0.3383	P839	1.0215
P318	0.1295	P840	1.0268
P319	0.3582	P841	0.1239
P320	0.5170	P942	0.1632
P321	0.2168	P943	0.3112
P422	0.4118	P944	0.0542

　　根据本报告 C 部分 6.2 节第三步至第六步，计算项目总体平均数（平均单位面积林木生物质碳储量估计值）及其方差、标准误差、抽样精度（表 E-3）。抽样调查结果满足《方法学》抽样精度的要求（抽样精度≥90%），不需要进行精度校正。

表 0-3　固定样地监测结果估计表

参数	数值	单位
固定样地数	44	个
项目碳层数	9	层
可靠性指标 t_{VAL}	1.6896	—
项目所种林木单位面积碳储量估计值	6.0093	tCO_2e/hm^2
项目所种林木单位面积碳储量估计值的方差	0.0971	（tCO_2e/hm^2）^{2}

（续）

参数	数值	单位
标准误差(标准误)	0.3116	tCO_2e/hm^2
相对误差限(不确定性)	8.8	%
抽样调查精度	91.2	%
项目第4年所种林木生物质碳储量估计值	5,208	tCO_2e

本项目第一监测期所种林木生物质碳储量为5208 tCO_2e，而第一监测期末(2014年12月31日)基线林木生物质碳储量为2762 tCO_2e[①]，两者相加即得到第一监测期末项目边界内林木(含项目所种林木和基线林木)生物质碳储量估计值(C_{TREE,t_2})，其数值为7970 tCO_2e。

根据本报告C部分6.2节第七步和第八步，即用本监测期末(2014年12月31日)项目边界内林木生物质碳储量估计值(C_{TREE,t_2})7970 tCO_2e，减去本监测期开始日期(2011年1月1日)之前的项目边界内林木生物质碳储量估计值(C_{TREE,t_1})810 tCO_2e〔数据来自经CEC审定、并获得备案的广东长隆碳汇造林项目设计文件的支持文件：广东长隆碳汇造林项目减排量计算表格(02版，2014年07月01日)中，基线碳汇量计算表单中2010年度的散生木碳储量〕，然后用得到本监测期内的变化量7160 tCO_2e除以本监测期长度4年，计算得到本监测期内年均的项目边界内林木生物质碳储量的年变化量为1,790 tCO_2e/a。

E.2.2 项目边界内温室气体排放量的增加量

本项目第一监测期(2011年1月1日至2014年12月31日)内未发生森林火灾，因此 $GHG_{E,t}=0$。

E.2.3 项目碳汇量的计算

使用公式(1)(见《方法学》中公式(28))，计算项目碳汇量的监测结果，见表E-4：

表 E-4 项目碳汇量

项目年份	林木碳储量年变化量 (tCO_2e/a)	温室气体排放量的增加量(tCO_2e/a)	项目碳汇量 (tCO_2e/a)	项目碳汇量累计 (tCO_2e)
2011.1.1~2011.12.31	1,790	0	1,790	1,790
2012.1.1~2012.12.31	1,790	0	1,790	3,580

---

① 注释内容同本书190的脚注。

（续）

项目年份	林木碳储量年变化量（tCO$_2$e/a）	温室气体排放量的增加量(tCO$_2$e/a)	项目碳汇量（tCO$_2$e/a）	项目碳汇量累计（tCO$_2$e）
2013. 1. 1 ~ 2013. 12. 31	1，790	0	1，790	5，370
2014. 1. 1 ~ 2014. 12. 31	1，790	0	1，790	7，160
合计	7，160	0	7，160	

E. 3　泄漏的计算

根据《方法学》的适用条件，不考虑项目实施可能引起的项目前农业活动的转移，也不考虑项目活动中使用运输工具和燃油机械造成的排放。因此在本方法学下，造林活动不存在潜在泄漏，即 $LK_t = 0$。

E. 4　减排量（或人为净碳汇量）的计算小结

根据本项目所应用的《碳汇造林项目方法学》（AR-CM-001-V01）和备案的项目设计文件，项目活动所产生的减排量，等于项目碳汇量减去基线碳汇量。如下公式：

$$\Delta C_{AR,t} = \Delta C_{ACTURAL,t} - \Delta C_{BSL,t} \tag{16}$$

式中：

$\Delta C_{AR,t}$　　　—第 t 年时的项目减排量，tCO$_2$e · a^{-1}

$\Delta C_{ACTURAL,t}$　—第 t 年时的项目碳汇量，tCO$_2$e · a^{-1}

$\Delta C_{BSL,t}$　　　—第 t 年时的基线碳汇量，tCO$_2$e · a^{-1}

t　　　　　　—1，2，3，…，项目开始以后的年数

年份	项目碳汇量（tCO$_2$e）	基线碳汇量（tCO$_2$e）	泄漏（tCO$_2$e）	项目减排量（tCO$_2$e）
2011. 1. 1 ~ 2011. 12. 31	1790	327	0	1463
2012. 1. 1 ~ 2012. 12. 31	1790	434	0	1356
2013. 1. 1 ~ 2013. 12. 31	1790	543	0	1247
2014. 1. 1 ~ 2014. 12. 31	1790	648	0	1142
合计	7160	1952	0	5208

E. 5　精度控制与校正

根据《方法学》要求，林木平均生物质最大允许相对误差需不大于10%。

由表 E-3 可见，本项目抽样调查精度已达到 91.2%，抽样误差(8.8%)小于允许抽样误差(10%)，完全达到《方法学》规定的抽样精度要求。因此，本监测报告不需要进行精度校正，即不需要增加固定监测样地或对项目减排量进行打折处理。

E. 6　实际减排量与备案项目设计文件中预计值的比较

项目	备案项目设计文件 中的事前预计值	本监测期内项目实际 减排量或净碳汇量
减排量或或净碳汇量(tCO_2e)	77，113	5，208

E. 7　对实际减排量与备案项目设计文件中预计值的差别的说明

本监测期内实际减排量小于备案项目设计文件中的事前预估值。原因主要有三个：一是 2011 年造林当年春季降雨量少，春旱严重(见 2011 年 4 月 9 日中国新闻网报道：*http：//www. chinanews. com/ga/2011/04 － 09/2961728. shtml*)，新栽植的幼苗有一个较长的缓苗期，苗木生长较缓慢[1]；二是项目区土壤类型几乎是红壤，其具有明显的脱硅富铝化作用[2]，由于当地属于亚热带季风气候区，光照充足，雨量充沛，降雨集中，年降雨量高达 1400 ~ 1900mm，造林地长期无森林植被覆盖，造成当地红壤淋溶作用很强，土壤有机质和养分流失严重，土壤贫瘠，肥力低下，加上项目区有些小班抚育施肥管理不到位，导致适应能力比较弱的新栽树苗生长较慢；三是这些树种大多数并不具有幼年高速生长的生物学特性，在 6 年生的幼年阶段还处于林木 S 生长曲线的最左下端的低平阶段[3]，生长速度相对较为缓慢。鉴于此，要加强后续林地及幼树抚育施肥等经营管理，为新造幼林创造更好的生长条件，促进林木生长和郁闭成林，实现预期的造林目标。

---

① 孙向阳主编. 土壤学(全国高等农林院校教材). 北京：中国林业出版社，2005.

② 王昭艳，左长清，曹文洪，等. 红壤丘陵区不同植被恢复模式土壤理化性质相关分析. 土壤学报，2011，48(4)：715 － 724.

③ 沈国舫主编. 森林培育学(面积 21 世纪课程教材). 北京：中国林业出版社，2001. P97 － 98.

第四章 核证报告

广东长隆碳汇造林项目于 2015 年 1 月，开展项目固定样地监测工作，完成项目监测报告，委托 CEC 按国家发展和改革委员会规定的程序和步骤开展项目核证工作。CEC 于 2015 年 4 月 3 日在"中国温室气体自愿减排交易信息平台"公示了监测报告（第 01 版，日期：2015 年 3 月 10 日），公示期为 2015 年 4 月 3 日至 2015 年 4 月 16 日，公示期内没有收到利益相关方的意见。2015 年 4 月 20 日，项目业主获得了 CEC 出具的正面核证报告（第 01 版），并与其余减排量备案申请材料一同报国家发展和改革委员会申请减排量备案。于 4 月 29 日通过减排量备案审核会答辩审核，在 5 月 25 日获得国家发展和改革委员会对该项目首期减排量的备案函（见附件 3）。本章介绍的项目核证报告是经过减排量备案审核会后修改得到的最终版核证报告（第 02 版）。

核证报告分为 6 个部分，即项目碳减排量核证概述、项目碳减排量核证程序和步骤、核证发现、核证结论、参考文献和附件。

报告编号：151014254

广东长隆碳汇造林项目

碳减排量核证报告审定报告

（第 1 监测期：2011 年 1 月 1 日－2014 年 12 月 31 日）

核证机构： <u>中环联合(北京)认证中心有限公司</u>

报告批准人： <u>张 小 丹</u>

报告日期： <u>2015 年 5 月 11 日</u>

核证项目	名称	广东长隆碳汇造林项目	备案号	021
	地址/地理坐标	项目地址： 广东省梅州市五华县转水镇、华城镇；兴宁市径南镇、永和镇、叶塘镇；河源市紫金县附城镇、黄塘镇、柏埔镇；东源县义合镇的共 59 个小班。 地理坐标： 五华县（东经 115°18′~116°02′、北纬 23°23′~24°12′）； 兴宁市（东经 115°30′~116°00′、北纬 23°51′~24°37′）； 紫金县（东经 114°40′~115°30′、北纬 23°10′~23°45′）； 东源县（东经 114°38′~115°22′、北纬 23°41′~24°13′）。		
核证委托方	名称	广东翠峰园林绿化有限公司		
	地址	广州市天河区广汕一路 320 号		
适用的方法学		AR-CM-001-V01《碳汇造林项目方法学》		

提交核证的监测报告： 日　期：2015－3－10 版本号：01	最终版监测报告： 日　期：2015－5－10 版本号：03

核证结论：

　　中环联合（北京）认证中心有限公司（以下简称"CEC"）受广东翠峰园林绿化有限公司委托，对国家温室气体自愿减排项目"广东长隆碳汇造林项目"（以下简称"本项目"）第一次监测期内的碳减排量进行了核证。本项目备案号为 021，备案日期为 2014 年 7 月 21 日，本次监测期时间为：2011 年 1 月 1 日 ~ 2014 年 12 月 31 日（包括首尾两天，共计 1,461 天）。

　　本项目为碳汇造林项目，属于类别（一）采用经国家发展改革委备案的方法学开发的减排项目，项目位于广东省梅州市五华县转水镇、华城镇；兴宁市径南镇、永和镇、叶塘镇；河源市紫金县附城镇、黄塘镇、柏埔镇；东源县义合镇，由广东翠峰园林绿化有限公司建设运营，造林规模 13,000 亩，本项目通过造林活动吸收、固定二氧化碳，产生林业碳汇，实现温室气体的减排。本项目属于小规模项目，本项目预计年减排量（净碳汇量）为 17,365 吨二氧化碳当量。项目计入期为 2011 年 1 月 1 日至 2030 年 12 月 31 日（含首尾两天，共计 20 年），计入期内的总预计减排量为 347,292 吨二氧化碳当量。

　　核证过程中对监测报告、监测计划、项目实施情况、温室气体减排量的计算等内容进行独立、客观和公正的第三方评审。核证过程包括：1. 合同签订；2. 核证准备；3. 项目监测报告公示；4. 文件评审；5. 现场访问；6. 核证报告的编写及内部评审；7. 出具核证报告和核证意见。整个核证过程，从合同评审到给出核证报告和意见，均严格遵循 CEC 内部程序执行。核证清单详见本报告附件 1。不符合、澄清要求和进一步行动要求清单，详见本报告附件 3。项目参与方根据此清单进行整改并修订监测报告，所有不符合和澄清要求均已关闭，未提出在下一个核证周期需要对监测和报告进行关注和调整的进一步行动要求。经核证，CEC 确认本项目核证过程无未覆盖到的问题及遗留问题，并且核证范围中所要求的内容已全部覆盖。

　　经核证，CEC 确认本项目的实施与已备案的项目设计文件一致，监测计划符合所适用的方法学，实际监测符合监测计划的要求，并确认：

　　[1]本项目所核证的碳减排量没有在其他任何国际国内温室气体减排机制下获得签发；

　　[2]本项目所声明的碳减排量仅来自于本项目的碳汇造林活动；

（续）

[3]本项目按照项目设计文件实施；

[4]本项目实施的监测计划符合所应用的方法学的要求；

[5]本项目监测活动按照已备案的监测计划实施；

[6]本项目碳减排量计算是合理的，监测期内参数和数据完整可得，监测报告中的信息与其它数据来源进行了交叉核对；基准线碳汇量、项目碳汇量的计算与方法学和备案的监测计划相一致；计算中使用的假设合理，使用的生物量含碳率因子、默认值以及其它数值合理。

本次监测期2011年1月1日～2014年12月31日为本项目的第1监测期（含首尾两天，共计1461天），经CEC核证的本项目基线碳汇量、项目碳汇量和项目减排量如下：

年份	项目碳汇量 （tCO_2e）	基线碳汇量 （tCO_2e）	泄漏 （tCO_2e）	项目减排量 （tCO_2e）
2011.1.1－2011.12.31	1,790	327	0	1,463
2012.1.1－2012.12.31	1,790	434	0	1,356
2013.1.1－2013.12.31	1,790	543	0	1,247
2014.1.1－2014.12.31	1,790	648	0	1,142
合计	7,160	1,952	0	5,208
本监测期实际年均减排量				1,302

本次监测期内实际减排量小于备案项目设计文件中的预估值。经核证，主要有三方面的原因：一是本项目2011年造林当年春季降雨量少，春旱严重，并且所造林木幼苗有较长的缓苗期，苗木生长较缓慢；二是本项目区土壤类型为赤红壤或红壤，其具有明显的脱硅富铝化作用。由于本项目地域属于亚热带季风气候区，光照充足，雨量充沛，降雨集中，年降雨量高达1400～1900mm，造林地长期无森林植被覆盖，造成当地红壤淋溶作用很强，土壤有机质和养分流失严重，土壤贫瘠，肥力低下，加上项目区有些小班抚育施肥管理不到位，导致适应能力较弱的新栽苗木生长缓慢；三是本项目所涉及树种大多数并不具有幼年高速生长的生物学特性，在6年生的幼年阶段还处于林木S生长曲线的最左下端的低平阶段，生长速度相对较为缓慢。因此，本项目本监测期内的实际温室气体减排量5,208 tCO_2e与备案的项目设计文件中预估的本监测期内温室气体减排量77,113 tCO_2e相比相差较大。

按照国家发展和改革委应对气候变化司于2014年7月21日下发的本项目备案函（发改办气候[2014]1681号中的规定，本项目计入期内产生的减排总量不超过35万吨二氧化碳当量。经核证，CEC确认本时间段内的减排总量为5,208吨二氧化碳当量，远低于备案项目设计文件中的预计值，符合备案函的要求。

综上，CEC推荐该项目的计入期内的碳减排量备案。

报告完成人	崔晓冬、周才华、徐玲华、张欢、郑小贤	技术评审人	刘清芝、张小全、郭洪泽
报告发放范围	☒ 国家发展和改革委员会 ☒ 广东省发展和改革委员会 ☒ 广东翠峰园林绿化有限公司		

术语简称

CCER	China Certified Emission Reductions 中国经核证的碳减排量
CDM	Clean Development Mechanism 清洁发展机制
UNFCCC	United Nations Framework Convention for Climate Change 联合国气候变化框架公约
IPCC	Intergovernmental Panel on Climate Change 政府间气候变化委员会
EB	Executive Board 执行理事会
NDRC	China National Development Reform Commission 国家发展和改革委员会
CEC	China Environmental United Certification Center Co.，Ltd 中环联合(北京)认证中心有限公司
CO_2e	Carbon Dioxide Equivalent 二氧化碳当量
EF	Emission Factor 排放因子
ER	Emission Reduction 碳减排量
GHG	Green House Gas(es) 温室气体
PDD	Project Design Document 项目设计文件
MR	Project Monitoring Report 项目监测报告

1　项目碳减排量核证概述

中环联合（北京）认证中心有限公司（以下简称 CEC）受广东翠峰园林绿化有限公司委托，对位于广东省梅州市五华县、兴宁市、河源市紫金县和东源县的"广东长隆碳汇造林项目"（以下简称"本项目"）进行温室气体自愿减排项目的温室气体减排量备案核证。

本项目为碳汇造林项目，基本情况如下表：

表 1　项目基本情况表

项目名称	广东长隆碳汇造林项目
项目类别	（一）采用经国家发展改革委备案的方法学开发的减排项目
自愿减排项目备案信息	备案号：021（备案日期：2014 年 7 月 21 日） 备案网页：http：//cdm. ccchina. gov. cn/zybDetail. aspx？ Id = 34
备案的计入期	2011 年 1 月 1 日~2030 年 12 月 31 日（共计 20 年）
本次核证的监测期	2011 年 1 月 1 日~2014 年 12 月 31 日（含首尾两天，共计 1461 天）
项目规模	小规模项目
所应用的方法学	AR-CM-001-V01《碳汇造林项目方法学》
项目业主	广东翠峰园林绿化有限公司
项目地理位置 （项目地址/地理坐标）	项目地址： 广东省梅州市五华县转水镇、华城镇；兴宁市径南镇、永和镇、叶塘镇；河源市紫金县附城镇、黄塘镇、柏埔镇；东源县义合镇的共 59 个小班。 地理坐标： 五华县（东经 115°18′~116°02′、北纬 23°23′~24°12′）； 兴宁市（东经 115°30′~116°00′、北纬 23°51′~24°37′）； 紫金县（东经 114°40′~115°30′、北纬 23°10′~23°45′）； 东源县（东经 114°38′~115°22′、北纬 23°41′~24°13′）。

本项目碳减排量核证按照《温室气体自愿减排交易管理暂行办法》（发改办气候［2012］1668 号，以下简称《办法》）、《温室气体自愿减排项目审定与核证指南》（发改办气候［2012］2862 号，以下简称《指南》）、《碳汇造林项目方法学（V01）》（AR-CM-001-V01）和适用的 UNFCCC 中清洁发展机制的相关要求进行，本报告概述了核证过程中的所有发现。

1.1　核证目的

CEC 根据温室气体自愿减排项目碳减排量备案的相关要求，独立公正地对项目的碳减排量进行评估。通过核证项目的监测报告、监测计划、项目实施情况、温室气体减排量的计算以确认其是否符合《温室气体自愿减排交易管理暂行办法》中对核证温室气体减排量的相关要求。核证活动作为温室气体自愿减排项目的核证温室气体减排量备案中重要的一部分，将对本项目的碳减排量是否符合备案的要求形成结论。

1.2 核证范围

核证范围是根据《办法》、《指南》、CCER 方法学和适用的 UNFCCC 中清洁发展机制的相关要求对项目监测报告、监测计划、项目实施情况、温室气体碳减排量的计算等内容进行独立、客观和公正的第三方评审。用于评审项目碳减排量的相关证据文件的来源不仅限于项目参与方。

核证考虑了项目碳减排量的所有相关的定量、定性信息。核证过程遵守了准确性、相关性、可靠性、保守性和透明性的原则，核证结论是可再现的。

核证活动未向项目参与方提供任何咨询建议。核证过程中所提出的不符合、澄清要求或者进一步行动要求是对监测报告中的信息不充分、错误和存在的风险进行纠正。

1.3 核证准则

核证过程中，CEC 按照《办法》和《指南》的要求，遵循"客观独立、公正公平、诚实守信、认真专业"的基本原则，执行和参考以下准则：

- 《温室气体自愿减排交易管理暂行办法》（发改办气候〔2012〕1668 号）
- 《温室气体自愿减排项目审定与核证指南》（发改办气候〔2012〕2862 号）
- AR-CM-001-V01《碳汇造林项目方法学》
- IPCC 国家温室气体清单指南
- 其他适用的法律法规和相关标准

2 项目碳减排量核证程序和步骤

按照《指南》的要求，CEC 核证程序的主要步骤包括：1. 合同签订；2. 核证准备；3. 项目监测报告公示；4. 文件评审；5. 现场访问；6. 核证报告的编写及内部评审；7. 出具核证报告和核证意见等 7 个步骤。核证过程按照《指南》中规定的标准审核方法进行；同时参考了其他公开可获得的信息；减排量计算的正确性和公式的合理性也根据方法学进行了核证。

按照《指南》的要求，核证组在核证过程中发现以下问题时，应提出不符合：

（1）监测和报告中存在与监测计划和方法学不一致，且项目业主没有将这些不一致充分记录或者提供的符合性证据不充分；

（2）项目业主没有充分地记录项目活动实施、运行和监测中的修改；

（3）在应用假设、数据或减排计算时出现了对减排估算产生影响的错误；

（4）项目业主仍未解决的在审定期间或前一次核证期间提出的、需要在本次核证过程中确认的进一步行动要求。

如果得到的信息不充分或者不足够清晰以至于无法确定是否满足相关要求时，核证机构应提出澄清要求。

如果在下一个核证周期需要对监测和报告进行关注和/或调整，核证机构在核证期间应提出进一步行动要求。

"不符合、澄清要求及进一步行动要求清单"（详见附件 3），表格的具体形式如下表所示：

表 2 不符合、澄清要求及进一步行动要求清单

不符合、澄清要求及进一步行动要求	项目业主原因分析及回复	核证结论
详细描述不符合具体条款的事实，并提出不符合、澄清及进一步行动的要求。	总结描述项目参与方在与核证组的交流过程中对不符合、澄清要求的原因分析，回复，以及所采取的澄清、纠正和纠正措施。	总结描述核证组的核证意见和最终结论。

本次核证过程中，共开具了 2 个不符合项、7 个澄清项和 0 个进一步行动要求，所有不符合和澄清要求均已关闭。

2.1 核证组安排

据《指南》的相关要求，结合核证员的自身能力、避免利益冲突和项目特定技术领域的要求，CEC 指派了拟议项目的核证组和技术评审组，组成如下：

表 3.1   核证组和技术评审组人员组成

职责	姓名	资质	专业领域	任务分配	
核证组组长	崔晓冬	核证员	—	文件评审	√
				现场访问	√
				撰写报告	√
核证组组员	郑小贤	技术专家	☒造林和再造林	文件评审	√
				现场访问	√
				撰写报告	×
核证组组员	周才华	核证员	☒造林和再造林	文件评审	√
				现场访问	√
				撰写报告	√
核证组组员	徐玲华	核证员	—	文件评审	√
				现场访问	√
				撰写报告	×
核证组组员	张 欢	核证员	—	文件评审	√
				现场访问	√
				撰写报告	×

表 3.2   技术评审组人员组成及任务分配表

职责	姓名	资质	技术领域	任务分配	
技术评审组	张小全	技术评审员	☒造林和再造林	现场访问	×
				技术评审	√
技术评审组	刘清芝	技术评审员	—	现场访问	×
				技术评审	√
技术评审组	郭洪泽	技术评审员	—	现场访问	×
				技术评审	√

2.2   文件评审

项目委托方广东翠峰园林绿化有限公司提供了"广东长隆碳汇造林项目"的监测报告、减排量计算表、固定样地监测报告(本报告由具备林业调查规划设计甲 A 级资质的广东省林业调查规划院编写,日期 2015 年 1 月)等相关材料。

CEC 于 2015 年 4 月 3 日在"中国自愿减排交易信息平台"公示了本项目

的监测报告(第 01 版,日期:2015 年 3 月 10 日),公示期为 2015 年 4 月 3 日~2015 年 4 月 16 日,公示期间未收到利益相关方的意见。

公示结束后,核证组于 2015 年 4 月 17 日完成了对本项目的文件评审,包括对:监测报告、固定样地监测报告、减排量计算表、业主法律地位证明文件、备案的项目设计文件(第 03 版,2014 - 7 - 1)、项目备案的审定报告(中环联合认证中心,报告编号:130914014,日期:2014 - 7 - 2)、项目备案函等相关支持文件的评审(文件清单详见报告参考文献部分),并将监测报告中提供的数据、信息和假设与其它可获得的公开信息来源进行交叉核对。

2.3 现场访问

现场访问的目的是通过现场观察减排项目的实施和监测计划的执行、查阅项目实施和监测记录、查阅数据产生、传递、汇总和报告的信息流、评审碳减排量计算时所作假设以及与现场工作人员或利益相关方的会谈,进一步判断和确认减排项目的实际碳减排量是否是真实的。

CEC 于 2015 年 4 月 17 日 ~2015 年 4 月 18 日对项目活动进行了现场访问,受访谈的项目委托方代表、咨询方,以及访谈的主要内容总结如下表所示。

表 4 现场访问访谈总结表

现场访问日期:2015 年 4 月 17 日~2015 年 4 月 18 日

核证组成员:崔晓冬、郑小贤、周才华、徐玲华、张 欢

访谈内容	人员	组织/单位
● 项目设计与运行 ● 项目实施情况 ● 设备安装运行情况,包括计量器具的校准 ● 监测计划和管理流程 ● 监测参数及数据 ● 数据的质量保证程序及不确定性 ● 测量人员能力 ● 其它可能的问题	黄万和 陈志生	广东翠峰园林绿化有限公司/总经理 广东翠峰园林绿化有限公司/副经理

(续)

现场访问日期：2015 年 4 月 17 日 ~ 2015 年 4 月 18 日

核证组成员：崔晓冬、郑小贤、周才华、徐玲华、张 欢

访谈内容	人员	组织/单位
• 样地的选择 • 林业碳汇计量及计量器具的校准 • 监测计划 • 监测参数与监测报告 • 碳减排量计算	陈志生	广东翠峰园林绿化有限公司/副经理
	李金良	中国绿色碳汇基金会/教授级高工、总工
	刘飞鹏	广东省林业调查规划院/分院院长
	罗 勇	广东省林业调查规划院/高级工程师
	张红爱	广东省林业调查规划院/高级工程师
	张 亮	广东省林业调查规划院/高级工程师
	黄妃本	广东省林业调查规划院/技术员
	杨加志	广东省林业调查规划院/技术员
利益相关方意见 • 项目落实情况 • 项目运行情况 • 项目苗木监管情况 • 项目森林火灾、毁林、病虫害情况	程伟文	广东省林业厅/处长
	张寿林	河源市林业局/科长
	叶育才	紫金县林业局/副局长
	吕远辉	东源县林业局/股长
	林锦森	五华县林业局/副局长
	曾宪禹	兴宁市林业局/副局长

2.4 核证报告的编写

基于文件评审与现场访问，核证组出具了核证报告草稿，开具了"不符合、澄清要求及进一步行动要求清单"，并发给项目委托方。项目委托方采取澄清、纠正或纠正措施，并提供了相应的证据文件，所有不符合项关闭后，核证组完成了核证报告的编写。

2.5 核证报告的质量控制

根据《指南》的要求和 CEC 内部质量控制程序，核证组将核证报告提交至独立于核证组的技术评审员进行技术评审。技术评审完成后，核证报告交给质量保障管理部门进行完整性检查，之后经 CEC 气候变化部部长审核，最终由 CEC 总经理批准。经批准的报告由核证组于 2015 年 5 月 11 日提交给项目委托方进行确认。

项目委托方确认后，CEC 在 2 个工作日内将最终核证报告、监测报告最终版本递交至国家发展和改革委员会。

3　核证发现

3.1　自愿减排项目减排量的唯一性

核证组查阅了项目委托方提供的声明，声明承诺"所核证的减排量没有在其他任何国际国内温室气体减排机制下获得签发"。此外，核证组通过查阅 UNFCCC、GS、VCS 等网站，确认本项目本次核证的监测期内（监测期：2011 年 1 月 1 日～2014 年 12 月 31 日）的减排量，未在其它任何减排机制下获得签发，是唯一的。

3.2　项目的实施与项目设计文件的符合性

3.2.1　项目造林活动的实施情况

经审阅兴宁市林业局于 2011 年 6 月 7 日出具的《广东长隆碳汇（兴宁市）造林项目竣工验收报告》、紫金县林业局于 2011 年 9 月 28 日出具的《紫金县广东长隆碳汇造林项目竣工报告》、东源县林业局于 2011 年 12 月 10 日出具的《东源县广东长隆碳汇造林项目竣工报告》、五华县林业局于 2012 年 5 月 20 日出具的《广东长隆碳汇（五华县）造林项目竣工验收报告》和广东省林业调查规划院（国家林业局授予的林业调查规划设计甲 A 级资质等级，编号甲 A19－001）于 2012 年 6 月出具的《广东长隆碳汇造林项目建设成效核查报告》，结合现场访问，核证组确认本碳汇造林项目地位于广东省梅州市五华县转水镇、华城镇，兴宁市径南镇、永和镇、叶塘镇；河源市紫金县附城镇、黄塘镇、柏埔镇，东源县义合镇。本项目由广东翠峰园林绿化有限公司协调投资建设和运营。实际规模为 13,000 亩，共包括 59 个小班，其中，梅州市五华县 4,000 亩 14 个小班、兴宁市 4,000 亩 9 个小班；河源市紫金县 3,000 亩 26 个小班、东源县 2,000 亩 10 个小班。经文件审核和现场访谈，核证组确认本项目造林树种包括：樟树、荷木、枫香、山杜英、相思、火力楠、红锥、格木和黎蒴，共计 9 个树种，进行随机混交种植。综上，核证组确认本项目实施种植的树种情况、造林面积和造林地理边界与项目设计文件中的一致。

经文件评审与现场访问确认本项目的相关活动时间节点如下：

表5 本项目的关键事件节点

时间	关键事件
2010 年 10 月	广东省林业调查规划院编制完成《广东长隆碳汇造林项目作业设计》
2010 年 11 月 5 日	广东省林业厅下发《关于广东长隆碳汇造林项目作业设计的批复》
2011 年 12 月 20 日	广东碳汇造林项目碳减排量的决议
2011 年 1 月 4 日	五华县造林工程开工
2011 年 1 月 5 日	兴宁市造林工程开工
2011 年 1 月 7 日	紫金县造林工程开工
2011 年 1 月 8 日	东源县造林工程开工
2011 年 5 月 20 日	五华县造林工程竣工
2011 年 6 月 7 日	兴宁市造林工程竣工
2011 年 9 月 28 日	紫金县造林工程竣工
2011 年 12 月 10 日	东源县造林工程竣工
2012 年 6 月	广东省林业调查规划院出具《广东长隆碳汇造林项目建设成效核查报告》
2015 年 1 月	本项目第一次计量监测完成（广东省林业调查规划院）

本项目从 2011 年 1 月 4 开工建设，采用 9 个树种进行随机混交种植（不规则块状），初植密度 74 株/亩。经核查，核证组确认本项目的造林模式与备案的项目设计文件一致，如下表：

表6 核查的本项目造林模式确认表

造林模式编号	造林树种配置	五华县造林模式	兴宁市造林模式	紫金县造林模式	东源县造林模式
I	樟树 18 荷木 20 枫香 18 山杜英 18	√	×	×	×
II	樟树 18 荷木 20 相思 18 火力楠 18	√	×	×	×
III	荷木 26 黎蒴 12 樟树 17 枫香 19	×	√	×	×
IV	荷木 31 黎蒴 18 樟树 25	×	√	×	×
V	枫香 16 荷木 20 格木 20 红锥 18	×	×	√	×
VI	枫香 20 荷木 32 火力楠 6 樟树 16	×	×	√	×
VII	枫香 26 荷木 23 格木 25	×	×	√	×
VIII	荷木 22 枫香 22 樟树 15 红锥 15	×	×	×	√
IX	山杜英 40 荷木 14 樟树 10 火力楠 10	×	×	×	√

注：造林树种配置，如山杜英 40 荷木 14 樟树 10 火力楠 10，表示一亩造林地中山杜英 40 株、荷木 14 株、樟树 10 株、火力楠 10 株。

经查阅广东省林业调查规划院(国家林业局授予的林业调查规划设计甲A级资质等级,编号甲A19-001)于2012年6月出具的《广东长隆碳汇造林项目建设成效核查报告》,结合现场访问,核证组确认本项目的实施与备案项目设计文件一致,符合AR-CM-001-V01《碳汇造林项目方法学》方法学的要求。核证过程如下表所示:

表7　核查的本项目实施情况

序号	项目实施内容	项目的实施与项目设计文件和方法学的符合性
1	项目苗木选用了两年生的顶芽饱满、无病虫害的一级营养袋壮苗,实际苗高为60 cm以上。并且苗木均具备生产经营许可证、植物检疫证书、质量检验合格证和种源地标签,未使用无证、来源不清、带病虫害的不合格苗上山造林。本项目造林过程中优先采用了就地育苗或就近调苗,保证了造林成活率,减少了长距离运苗等活动造成的碳排放。	符合
2	为了防止水土流失,保护现有碳库,本项目造林过程中未进行炼山和全垦整地。采用了穴状割杂的方式清理林地,清理栽植穴周边的杂草,不伐除原有散生木,加强了对原生植被的保护。	符合

经文件审核和现场访谈,确认本项目总体实施情况良好,成活率高,采用树种丰富,全面完成既定任务和目标。这一时间早于本项目在国家发展和改革委员会的备案时间。

文件评审与现场访问过程中,确认本项目在核证的监测期内未发现造林项目信息和造林活动的变更,或其它影响方法学适用性、或需要备案后变更的情况,也不需要对监测计划和方法学进行临时偏移。

经文件审核、现场访谈当地林业局官员和公开信息查阅,核证组确认在本监测期内,本项目边界内没有发生影响方法学适用性的情况,未发生森林火灾、毁林等破坏项目区新造幼林的情况,也未发生病虫害等危害森林的灾害,因此本监测期内不涉及影响项目设计和实施的变更。

3.2.2　项目抽样设计和分层情况

本项目事前分层与事后分层完全一致,即将项目区分为9个碳层。共计13,000亩(866.7hm^2),核证组确认该分层方式符合《方法学》(AR-CM-001-V01)的要求。具体事后项目分层如下表8:

表8 核查的本项目事前与事后分层

项目碳层	造林树种	层面积(hm²)	层面积(亩)
PROJ-1	樟树 18 荷木 20 枫香 18 山杜英 18	182.2	2,733
PROJ-2	樟树 18 荷木 20 相思 18 火力楠 18	84.5	1,267
PROJ-3	荷木 26 黎蒴 12 樟树 17 枫香 19	172.5	2,587
PROJ-4	荷木 31 黎蒴 18 樟树 25	94.2	1,413
PROJ-5	枫香 16 荷木 20 格木 20 红锥 18	100.0	1,500
PROJ-6	枫香 20 荷木 32 火力楠 6 樟树 16	54.1	811.5
PROJ-7	枫香 26 荷木 23 格木 25	45.9	688.5
PROJ-8	荷木 22 枫香 22 樟树 15 红锥 15	124.1	1,862
PROJ-9	山杜英 40 荷木 14 樟树 10 火力楠 10	9.2	138
合计		866.7	13,000

根据《方法学》(AR-CM-001-V01)和备案的项目设计文件(第 03 版,2014-7-1),考虑到项目地树种组成、立地条件等因素,样地面积采用 $0.06hm^2$(600 m^2 的圆形样地,半径 13.82m)。固定样地数量计算如下:

根据《方法学》(AR-CM-001-V01),按照 90% 的可靠性和 90% 的抽样精度要求,计算项目所需监测的固定样地数量如下公式(1):

$$n = \left(\frac{t_{VAL}}{E}\right)^2 * \left(\sum_i w_i * s_i\right)^2 \qquad (1)$$

式中:

n —项目边界内估算碳储量所需的监测样地数量,无量纲

t_{VAL} —可靠性指标;在一定的可靠性水平下,自由度为无穷(∞)时查 t 分布双侧 t 分位数表的 t 值,无量纲

w_i —项目边界内第 i 项目碳层的面积权重,$w_i = A_i/A$ 其中 A 是项目总面积,A_i 是第 i 项目碳层的面积,无量纲

S_i —项目边界内第 i 层碳储量估计值的标准差,$tC \cdot hm^{-2}$

E —项目碳储量估计值的允许的误差范围(即绝对误差限),$tC \cdot hm^{-2}$

i —1,2,,3,…,项目碳层

分配到各层的监测样地数量,根据《方法学》(AR-CM-001-V01)最优分配法进行计算,如下公式(2):

$$n_i = n * \frac{w_i * s_i}{\sum\limits_{i=1} w_i * s_i} \qquad (2)$$

式中：

n_i —项目边界内第 i 项目碳层估算生物质碳储量所需的监测样地数量，无量纲

i —1，2，，3，…，项目碳层

取项目区样地调查的各层生物质碳储量作为样本，根据林业调查的经验可知，造林地块树种越多，变动系数越大。当造林树种数不多于 3 种时，变动系数 C 取 0.3；当造林树种数多于 3 种时，变动系数 C 取 0.4，从而得到估算出各层的标准差 Si（各碳层单位面积碳储量×变动系数），计算得到 n =40。根据《方法学》（AR-CM-001-V01）和统计需求（每层不少于三个固定样地的要求），分配各层样地数，最后确定总样地数为 44 个，各项目碳层样地数见下表：

表9　核查的固定样地分配表

项目碳层编号	样地数	样地编号	项目碳层编号	样地数（个）	样地编号
PROJ-1	9	P101—P109	PROJ-6	3	P630—P632
PROJ-2	4	P210—P213	PROJ-7	3	P733—P735
PROJ-3	8	P314—P321	PROJ-8	6	P836—P841
PROJ-4	3	P422—P424	PROJ-9	3	P942—P944
PROJ-5	5	P525—P529	样地合计数	44 个	

根据《方法学》（AR-CM-001-V01）和分层抽样的样地最优分配法的要求，本项目在各层中采用随机起点、系统布设固定样地，要求固定监测样地在各层空间分布比较均匀，样本具有代表性，监测样地大小设定为 0.06hm²，样地形状为圆形（样圆半径为 13.82m）。如果图上布设的样地落在项目区林地的边缘，实地调查时应向林内平移 10m，以减少边缘效应对数据质量的影响。用定位误差合格的 GPS 在现地进行导航找点，确定样地中心点位置，及记录坐标等基本信息，并在圆形样地中心点埋设 PVC 管，以便后续监测复位查找。以便于在每个监测期进行复位监测（可利用 GPS 导航进行复位）。核证组现场勘查了位于项目边界内的样地布设情况，核证组确认本监测期的监测样地布设合理、面积大小准确、中心点位置定位清晰、中心点坐标信息准确，符合方法学的要求。经核查的固定监测样地布设情况如下表：

表10 经核查的固定监测样地布设情况表

样地编号	省市	市(县级市)/县	乡镇	所在项目碳层编号
P101	广东省梅州市	五华县	转水镇	PROJ-1
P102	广东省梅州市	五华县	转水镇	PROJ-1
P103	广东省梅州市	五华县	转水镇	PROJ-1
P104	广东省梅州市	五华县	转水镇	PROJ-1
P105	广东省梅州市	五华县	转水镇	PROJ-1
P106	广东省梅州市	五华县	转水镇	PROJ-1
P107	广东省梅州市	五华县	转水镇	PROJ-1
P108	广东省梅州市	五华县	转水镇	PROJ-1
P109	广东省梅州市	五华县	转水镇	PROJ-1
P210	广东省梅州市	五华县	华城镇	PROJ-2
P211	广东省梅州市	五华县	华城镇	PROJ-2
P212	广东省梅州市	五华县	华城镇	PROJ-2
P213	广东省梅州市	五华县	华城镇	PROJ-2
P314	广东省梅州市	兴宁市	径南镇	PROJ-3
P315	广东省梅州市	兴宁市	径南镇	PROJ-3
P316	广东省梅州市	兴宁市	径南镇	PROJ-3
P317	广东省梅州市	兴宁市	径南镇	PROJ-3
P318	广东省梅州市	兴宁市	径南镇	PROJ-3
P319	广东省梅州市	兴宁市	永和镇	PROJ-3
P320	广东省梅州市	兴宁市	永和镇	PROJ-3
P321	广东省梅州市	兴宁市	永和镇	PROJ-3
P422	广东省梅州市	兴宁市	叶塘镇	PROJ-4
P423	广东省梅州市	兴宁市	永和镇	PROJ-4
P424	广东省梅州市	兴宁市	叶塘镇	PROJ-4
P525	广东省梅州市	紫金县	柏埔镇	PROJ-5
P526	广东省河源市	紫金县	柏埔镇	PROJ-5
P527	广东省河源市	紫金县	柏埔镇	PROJ-5
P528	广东省河源市	紫金县	附城镇	PROJ-5
P529	广东省河源市	紫金县	附城镇	PROJ-5
P630	广东省河源市	紫金县	黄塘镇	PROJ-6
P631	广东省河源市	紫金县	黄塘镇	PROJ-6

（续表）

样地编号	省市	市(县级市)/县	乡镇	所在项目碳层编号
P632	广东省河源市	紫金县	黄塘镇	PROJ-6
P733	广东省河源市	紫金县	黄塘镇	PROJ-7
P734	广东省河源市	紫金县	黄塘镇	PROJ-7
P735	广东省河源市	紫金县	黄塘镇	PROJ-7
P836	广东省河源市	东源县	义合镇	PROJ-8
P837	广东省河源市	东源县	义合镇	PROJ-8
P838	广东省河源市	东源县	义合镇	PROJ-8
P839	广东省河源市	东源县	义合镇	PROJ-8
P840	广东省河源市	东源县	义合镇	PROJ-8
P841	广东省河源市	东源县	义合镇	PROJ-8
P942	广东省河源市	东源县	义合镇	PROJ-9
P943	广东省河源市	东源县	义合镇	PROJ-9
P944	广东省河源市	东源县	义合镇	PROJ-9

3.2.3 结论

经文件查阅《项目作业文件》(由具备林业调查规划设计甲 A 级资质的广东省林业调查规划院编写，2010 年 10 月)、《广东长隆碳汇造林项目建设成效核查报告》(广东省林业调查规划院编写，2012 年 6 月)和《项目碳汇监测报告》(广东省林业调查规划院编写，日期 2015 年 1 月)、本项目监测计划、培训记录和项目边界地图；同时通过现场勘查样地选取和布设情况、面积大小、中心点位置定位、中心点坐标信息并测量了监测样地中所造林木每株胸径和树高数据，核证组确认：

[1]项目活动所有的造林工程均已顺利实施和完成；

[2]项目活动的实施与备案的项目设计文件一致，并且符合方法学的要求；

[3]项目实施过程中未出现任何偏移或变更；

[4]项目监测样地选取及布设合理；

[5]项目监测样地内所造林木胸径和树高数据的监测真实、准确，并且符合方法学的要求。

在本项目核证过程中，核证组发现项目委托方未在监测报告(初版)A.1部分描述本项目的进程情况，对此核证组开具了澄清项 1，要求项目委托方在项目监测报告 A.1 部分添加相关描述。项目委托方在监测报告(终版)中添加了本项目进程的相关描述，并提供了相关证据文件。核证组检查了更新后的监测报告(终版)和相关支持性证据文件，确认监测报告(终版)中增加的描述与备案的项目设计文件一致，并且与实际情况相符。因此，澄清项 1 关闭。

在本项目核证过程中，核证组发现项目委托方未在监测报告(初版)A.1 部分描述本项目除国内自愿减排项目外在其他国际或国内减排机制注册和签发的情况，对此核证组开具了澄清项 2，要求项目委托方在项目监测报告 A.1 部分添加相关描述。项目委托方在监测报告(终版)中添加了相关描述，并提供了由项目业主单位于 2015 年 4 月 17 日出具的《减排量唯一性声明》。经查阅 UNFCCC、GS、VCS 等网站，核证组确认本项目本次核证的监测期内(监测期：2011 年 1 月 1 日～2014 年 12 月 31 日)的减排量，未在其它任何减排机制下获得签发，是唯一的。因此，澄清项 2 关闭。

在本项目核证过程中，核证组发现项目委托方未在监测报告(初版)B.1 部分描述本项目在本监测期内发生森林火灾、毁林、病虫害等破坏和危害项目区新造幼林的情况，对此核证组开具了澄清项 3，要求项目委托方在项目监测报告 B.1 部分添加相关描述。项目委托方在监测报告(终版)中明确未有上述情况发生，核证组经现场访谈当地林业局官员和现场实地勘察，确认本项目在本监测期内未发生森林火灾、毁林、病虫害等破坏和危害项目区新造幼林的情况。因此，澄清项 3 关闭。

在本项目核证过程中，核证组发现项目委托方未在监测报告(初版)B.1 部分描述本项目所涉及的五华县、兴宁市、紫金县和东源县具体树种选择及配置方式，对此核证组开具了澄清项 4，要求项目委托方在项目监测报告 B.1 部分添加相关描述。项目委托方在监测报告(终版)中增加了相关描述，并提供了相关证据文件。核证组检查了更新后的监测报告(终版)、相关支持性证据文件(《广东长隆碳汇造林项目建设成效核查报告》)，确认监测报告(终版)中所增加的描述真实、准确。因此，澄清项 4 关闭。

在本项目核证过程中，核证组发现本项目选取的监测样地形状为圆形，与备案项目设计文件中的要求不一致(备案项目设计文件第 29 页，样地拟定为矩形(20m * 30m)，样地面积拟定为 0.06hm^2)，对此核证组开具了澄清项 5，要求项目委托方在项目监测报告 B.2.2 部分进行澄清，项目委托方解释将固定监测样地的形状由矩形改进为国际上使用最多、无面积闭合差、边界木最少、调查效率高的圆形样地，监测样地面积与备案项目设计文件中规定完全一样(圆形样地面积 0.06hm²，圆形样地半径 13.82m)，抽取样地数量不变(44 个固定样地)。经核查，核证组确认项目委托方监测样地形状的调整不影响测量精度和准确度。因此，澄清项 5 关闭。

3.3 监测计划与方法学的符合性

项目业主为本项目的监测活动制订了完整的监测计划，包括：需要监测的参数清单、组织结构、项目边界、基线碳汇量和项目碳汇量的监测方法、项目边界内温室气体排放的增加量的监测、人员培训和数据管理。项目业主于 2015 年 1 月委托有资质的第三方机构"广东省林业调查规划院"对本项目的 44 个固定监测样地进行了实地调查，广东省林业调查规划院于 2015 年 1 月出具了《项目固定样地监测报告》，项目固定样地监测报告中所有数据均按照相关标准进行监测和测定。监测过程的所有数据均同时以纸质和电子版方式归档保存，且保存至计入期结束后 2 年。

3.3.1 项目基线碳汇量的监测

本项目在编制项目设计文件时，就通过事前计量确定了本项目的基线碳汇量。根据备案的项目设计文件，事前确定的本项目基线碳汇量适用于本监测期，无需对基线碳汇量进行监测，事前确定的本项目本监测期基线碳汇量如下表：

表 11   经核查的本项目第一监测期基线碳汇量

项目年份	基线碳汇量年变化量(tCO_2e/a)
2011. 1. 1 ~ 2011. 12. 31	327
2012. 1. 1 ~ 2012. 12. 31	434
2013. 1. 1 ~ 2013. 12. 31	543
2014. 1. 1 ~ 2014. 12. 31	648
合计	1, 952

3.3.2 项目活动的监测

项目业主对项目运行期内的所有造林活动、营林活动以及与温室气体排放有关的活动进行监测，主要包括：

(a)造林活动：包括确定种源、育苗、林地清理和整地方式、栽植、成活率和保存率调查、补植、除草、施肥等措施；

(b)营林活动：抚育、间伐、施肥、主伐、更新、病虫害防治和防火措施等；

(c)项目边界内森林灾害(毁林、林火、病虫害)发生情况(时间、地点、面积、边界等)。

3.3.3 项目边界的监测

项目业主对项目活动的实际边界进行监测。每次监测时，均对下述各项进行测定、记录和归档：

(1)确定每个项目地块造林的实际边界(以林缘为界)；

(2)检查造林地块的实际边界与项目设计的边界是否一致；

(3)如果实际边界位于项目设计边界之外，则项目边界之外的部分不能纳入监测的范围；

(4)如果实际边界位于项目设计边界之内，则应以实际边界为准；

(5)如果由于发生毁林、火灾或病虫害等导致项目边界内的土地利用方式发生变化(转化为其它土地利用方式)，应确定其具体位置和面积，并将发生土地利用变化的地块调整到边界之外，并在下次核查中予以说明。但是已移出项目边界的地块，在以后不能再纳入项目边界内。而且，如果移出项目边界的地块以前进行过核查，其前期经核查的碳储量应保持不变，纳入碳储量变化的计算中。

(6)任何边界的变化都须采用全球卫星定位系统(GPS)或其它卫星定位系统直接测定项目地块边界的拐点坐标，也可采用适当的空间数据(如1:10000地形图、卫星影像、航片等)，辅以地理信息系统界定地块边界坐标。

经现场访问与文件评审监测报告、备案的项目设计文件、备案的本项目审定报告等，核证组确认：本项目的监测计划符合所选择的《方法学》(AR-CM-001-V01)，无需申请偏移或修改。

3.4 监测与监测计划的符合性

根据备案的监测计划和监测报告，下列参数需要进行监测，以用于减排量的计算：

表 12 核查的本项目需要监测参数情况

参数	参数说明
A_i：	参数名称：第 i 项目碳层的面积，单位：hm² 测定步骤：采用国家森林资源清查或森林规划设计调查使用的标准操作程序。 测量工具：套 1:10000 地形图的作业设计图，GPS。 测量结果：A1 = 182.2hm²；A2 = 84.5hm²；A3 = 172.5hm²；A4 = 94.2hm²；A5 = 100.0hm²；A6 = 54.1hm²；A7 = 45.9hm²；A8 = 124.1hm²；A9 = 9.2hm²。面积误差小于 5%，符合精度要求。
A_p：	参数名称：样地的面积，单位：hm² 测定步骤：采用国家森林资源清查或森林规划设计调查使用的标准操作程序。 测量工具：皮尺（用于测量样圆半径 R = 13.82m），GPS（测定圆形样地中心地理坐标）。 测量结果：共准确测定了 44 个圆形固定监测样地，监测样地面积均为 0.06hm²/个。
DBH：	参数名称：胸径，用于利用材积公式计算林木材积，单位：厘米（cm） 测定步骤：采用国家森林资源清查或森林规划设计调查使用的标准操作程序。 测量工具：钢制测径尺（用钢制测径尺测量林木胸高 1.3m 的处的直径）。 测定结果：《项目监测报告》中的固定样地记录表已完整记录。
H：	参数名称：树高，用于利用材积公式计算林木材积，单位：米（m） 测定步骤：采用国家森林资源清查或森林规划设计调查使用的标准操作程序。 测量工具：测杆或布鲁莱斯测高器。 测定结果：《项目监测报告》中的固定样地记录表已完整记录。
$A_{BURN,i,t}$：	参数名称：第 t 年第 i 层发生火灾的面积，单位：hm² 测定步骤：用 1:10000 地形图或造林作业验收图现场勾绘发生火灾危害的面积，或采用符合精度要求的 GPS 和遥感图像测量火灾面积。 测量工具：GPS，造林作业验收图。 测定结果：本监测期内未发生火灾，发生火灾面积为 0。

上述参数中样地面积、胸径及树高的测量，均由独立的第三方机构广东省林业调查规划院按照相关标准和要求在固定样地进行测量和记录，测量结果真实可信。项目参与方利用测量和记录的这些数据代入减排量计算表格中对减排量进行计算。由于在本计入期内（2011 年 1 月 1 日～2014 年 12 月 31 日）未发生火灾等灾害，因此 $A_{BURN,i,t}$ 为 0。

根据所应用的方法学和备案的监测计划，以下参数在审定时即已经固定，不需要进行监测。经与备案的项目设计文件进行核对，核证组确认这些固定参数是完整的、取值是正确的。

表13　固定参数值核查表

参数	描述	取值				单位
$D_{TREE,j}$	树种的基本木材密度	使用《中华人民共和国气候变化第二次国家信息通报》"土地利用变化和林业温室气体清单"中的数值，查表可得，拟议项目所涉及的树种 D 值。如下表：				t/m³
		树种	基本木材密度	树种	基本木材密度	
		马尾松	0.380	火力楠	0.443	
		桉树	0.578	樟树	0.460	
		荷木	0.598	山杜英	0.598	
		枫香	0.598	相思	0.443	
		红锥	0.598	格木	0.598	
		藜蒴	0.443			
$BEF_{TREE,j}$	树种的生物量扩展因子	使用《中华人民共和国气候变化第二次国家信息通报》"土地利用变化和林业温室气体清单"中的数值，查表可得，拟议项目所涉及的树种的 BEF 值。如下表：				无量纲
		树种	生物量扩展因子	树种	生物量扩展因子	
		马尾松	1.472	火力楠	1.586	
		桉树	1.263	樟树	1.412	
		荷木	1.894	山杜英	1.674	
		枫香	1.765	相思	1.479	
		红锥	1.674	格木	1.674	
		藜蒴	1.586			
$R_{TREE,j}$	树种的地下生物量与地上生物量之比	使用《中华人民共和国气候变化第二次国家信息通报》"土地利用变化和林业温室气体清单"中的数值，查表可得，拟议项目所涉及的树种的 R 值。如下表：				无量纲
		树种	$R_{TREE,j}$	树种	$R_{TREE,j}$	
		马尾松	0.187	火力楠	0.289	
		桉树	0.221	樟树	0.275	
		荷木	0.258	山杜英	0.261	
		枫香	0.398	相思	0.207	
		红锥	0.261	格木	0.261	
		藜蒴	0.289			
$CF_{TREE,j}$	树种的生物量含碳率，用于将生物量转换成含碳量	采用广东省林业调查规划院的实测值。根据广东省林业调查规划院实际测定广东地区主要阔叶树种标准木60株的结果，广东地区硬阔类树木的生物量平均含碳率（CF）值为0.5238，软阔类树木的 CF 平均值为0.5232，所有阔叶树 CF 平均值为0.524（详见：刘飞鹏，肖智慧. 广东省林业碳汇计量研究与实践. 北京：中国林业出版社，2013，P83）。该数值是当地专业机构在当地采样实际测定的结果，优于 IPCC 的默认值。				tC/t

（续）

参数	描述	取值			单位
$COMF_i$	燃烧指数（针对每个植被类型）	因缺乏更优数据，采用《方法学》P41 中的默认值。如下表：			无量纲
		森林类型	林龄（年）	缺省值	
		热带森林	3－5	0.46	
			6－10	0.67	
			11－17	0.50	
			≥18	0.32	
EF_{CH_4}	CH_4 排放因子	因缺乏更优数据，采用《方法学》P42 中的默认值（热带森林 6.8）。			gCH_4/kg
EF_{N_2O}	N_2O 排放因子	因缺乏更优数据，采用《方法学》P42 中的默认值（热带森林 0.20）。			gN_2O/kg
DF_{LI}	枯落物碳储量与活立木生物质碳储量之比	枯落物碳储量与活立木生物质碳储量之比（IPCC 缺省值 4%）			%

关于数据质量控制，项目业主建立了一套完善的减排量监测管理体系，并在项目活动中严格实施。相关的测量、报告职能明确，运行流程清晰。监测报告中对数据管理的描述与现场访问时确认的实际情况一致。现场访问时，核证组还查阅了项目活动的监测手册与人员培训记录，相关记录齐全并保存较好。

综上所述，通过文件评审与现场访问，核证组确认项目监测活动按照已备案的监测计划实施：

［1］监测计划中的所有参数是完整的，并且已经得到恰当地监测；

［2］监测活动的实施符合监测计划、应用方法学、国家的要求；

［3］监测结果符合监测计划中规定的频次记录；

［4］质量保证和控制程序按照备案的监测计划实施。

在本项目核证过程中，核证组发现项目监测报告（初版）D.1 部分"事前确定的数据和参数"中，树种的生物量含碳率（$CF_{TREE,j}$）与备案的项目设计文件描述不一致，对此核证组开具了不符合项 1，要求项目委托方在项目监测报告 D.1 部分进行澄清，项目委托方解释备案的项目设计文件中使用的是 IPCC 默认值，为 0.47 吨碳/吨生物量；本监测期内树种的生物量含碳率

($CF_{TREE,j}$)采用广东省林业调查规划院的实测值。根据广东省林业调查规划院实际测定广东地区主要阔叶树种标准木 60 株的结果，广东地区硬阔类树木的生物量平均含碳率（CF）值为 0.5238，软阔类树木的 CF 平均值为0.5232，所有阔叶树 CF 平均值为 0.524（详见：刘飞鹏，肖智慧. 广东省林业碳汇计量研究与实践. 北京：中国林业出版社，2013，P83）。该数值是当地专业机构在当地采样实际测定的结果，优于 IPCC 的默认值。核证组检查了监测报告（终版）和相关证据文件，确认树种的生物量含碳率（$CF_{TREE,j}$）的更新有利于本项目更精确的核算减排量，并且该数值出自第三方机构，来源可靠，数值准确。因此，不符合项 1 关闭。

3.5 校准频次的符合性

鉴于林业碳汇项目监测活动及监测设备的特殊性，本项目的备案监测计划中并未明确要求测量设备的校准信息。经核证组查阅相关国家标准和现场访问，及与备案的项目设计文件核对，确认：项目业主委托由国家林业局授予林业调查规划设计甲 A 级资质等级的广东省林业调查规划院进行本项目的实地测量工作，因此，测量设备校准频次符合已备案的监测计划和方法学的要求。

3.6 减排量计算结果的合理性

3.6.1 减排量计算公式

3.6.1.1 项目减排量的计算

根据本项目所应用的《碳汇造林项目方法学》（AR-CM-001-V01）和备案的项目设计文件，项目活动所产生的减排量，等于项目碳汇量减去基线碳汇量。如下公式：

$$\Delta C_{AR,t} = \Delta C_{ACTURAL,t} - \Delta C_{BSL,t} \tag{3}$$

式中：

$\Delta C_{AR,t}$ ——第 t 年时的项目减排量，$tCO_2e \cdot a^{-1}$

$\Delta C_{ACTURAL,t}$ ——第 t 年时的项目碳汇量，$tCO_2e \cdot a^{-1}$

$\Delta C_{BSL,t}$ ——第 t 年时的基线碳汇量，$tCO_2e \cdot a^{-1}$

t ——1，2，3，…，项目开始以后的年数

在本项目核证过程中，核证组发现项目委托方未在监测报告（初版）E 部分中未描述本项目减排量计算的公式及其变量定义，对此核证组开具了澄清

项6，要求项目委托方在项目监测报告 E 部分添加相关内容。项目委托方在监测报告(终版)中增加了相关描述。核证组确认监测报告中已添加了减排量计算公式及其变量的定义，并且所添加内容与备案项目设计文件一致、符合方法学要求。因此，澄清项6关闭。

3.6.1.2　项目碳汇量的计算

根据本项目所应用的《碳汇造林项目方法学》(AR-CM-001-V01)和备案的项目设计文件，在项目情景下，本项目均不考虑项目边界内灌木、枯死木、枯落物、土壤有机碳、收获的木产品等碳储量变化量，所以均设为0。根据《方法学》的适用条件，项目活动不涉及全面清林和炼山等有控制火烧，本项目主要考虑项目边界内森林火灾引起生物质燃烧造成的温室气体排放。项目边界内所选碳库碳储量变化量的计算方法如下：

$$\Delta C_{P,t} = \Delta C_{TREE\_PROJ,t} \qquad (4)$$

式中：

$\Delta C_{P,t}$ ——第 t 年时，项目边界内所选碳库的碳储量变化量，$tCO_2e \cdot a^{-1}$

$\Delta C_{TREE\_PROJ,t}$ ——第 t 年时，项目边界内林木生物量碳储量变化量，$tCO_2e \cdot a^{-1}$

根据本项目所应用的《碳汇造林项目方法学》(AR-CM-001-V01)和备案的项目设计文件，项目边界内林木生物量碳储量的变化量($\Delta C_{TREE\_PROJ,t}$)通过抽样方式进行监测和计算，计算过程如下：

第一步：固定样地每木检尺。根据备案项目设计文件中的监测计划，在2015年1月，实测项目区内每个固定样地内所有新造林木的胸径(DBH)和树高(H)，并分树种记录在《项目监测报告》的固定监测样地记录表中。CEC采用100%抽样的方式对固定监测样地记录表进行了核查，确认固定监测样地记录表中的林木胸径和树高信息与本项目减排量计算表中所采用的数据一致。另外，核证组分别在兴宁市、五华县、东源县和紫金县各抽取了3块样地①(共计12块样地)进行了固定样地每木检尺复核，核证组复核样地抽取情况详见下表：

---

① 样地抽取原则充分考虑了样地的地理分布和碳层分布情况。

样地编号	省市	市(县级市)/县	乡镇	所在项目碳层编号
P107	广东省梅州市	五华县	转水镇	PROJ-1
P108	广东省梅州市	五华县	转水镇	PROJ-1
P210	广东省梅州市	五华县	华城镇	PROJ-2
P314	广东省梅州市	兴宁市	径南镇	PROJ-3
P315	广东省梅州市	兴宁市	径南镇	PROJ-3
P424	广东省梅州市	兴宁市	叶塘镇	PROJ-4
P528	广东省河源市	紫金县	附城镇	PROJ-5
P632	广东省河源市	紫金县	黄塘镇	PROJ-6
P733	广东省河源市	紫金县	黄塘镇	PROJ-7
P840	广东省河源市	东源县	义合镇	PROJ-8
P841	广东省河源市	东源县	义合镇	PROJ-8
P942	广东省河源市	东源县	义合镇	PROJ-9

核证组复核的固定样地每木检尺(样地内所有新造林木的胸径和树高)测量结果与广东省林业调查规划院出具的"《项目监测报告》的固定监测样地记录表"数据一致。

第二步：使用阔叶树二元材积公式(http：//cdm. unfccc. int/Projects/DB/TUEV-SUED1154534875.41，见广西珠江流域再造林项目第一期监测报告第24页. 见公式5)计算单株林木材积(V)，采用"生物量扩展因子法"计算样地内全部造林树种的林木生物量。将样地内造林树种的林木生物量累加，得到样地生物量。采用各造林树种的含碳率，将各造林树种的生物量换算为生物质碳储量，累加得到样地水平的林木生物质碳储量。

$$V = 0.0000667054 * (DBH)^{1.8479545} * H^{0.96657509} \tag{5}$$

式中：

V	—林木材积，$m^3 \cdot$ 株$^{-1}$
DBH	—林木胸径，cm
H	—树高，m

第三步：计算第 i 层样本平均数(平均单位面积林木生物量的估计值)和及其方差：

$$c_{TREE,i,t} = \frac{\sum_{p=1}^{n_i} c_{TREE,p,i,t}}{n_i} \tag{6}$$

$$S_{c_{TREE,i,t}}^2 = \frac{\sum_{p=1}^{n_i}(c_{TREE,p,i,t} - c_{TREE,i,t})^2}{n_i * (n_i - 1)} \tag{7}$$

式中：

$c_{TREE,i,t}$ ——第 t 年第 i 层项目碳层平均单位面积林木生物质碳储量的估计值，$tCO_2e \cdot hm^{-2}$

$c_{TREE,p,i,t}$ ——第 t 年第 i 项目碳层样地 p 的单位面积林木生物质碳储量，$tCO_2e \cdot hm^{-2}$

n_i ——第 i 项目碳层的样地数

$S_{c_{TREE,i,t}}^2$ ——第 t 年第 i 项目碳层平均单位面积林木生物质碳储量估计值的方差，$(tCO_2e \cdot hm^{-2})^2$

p ——1，2，3，…，第 i 项目碳层中的样地

i ——1，2，3，…，项目碳层

t ——1，2，3，…，自项目活动开始以来的年数

第四步：计算项目总体平均数估计值(平均单位面积林木生物质碳储量的估计值)及其方差：

$$c_{TREE,t} = \sum_{i=1}^{M}(w_i * c_{TREE,i,t}) \tag{8}$$

$$S_{c_{TREE,t}}^2 = \sum_{i=1}^{M}(w_i^2 * S_{c_{TREE,i,t}}^2) \tag{9}$$

式中：

$c_{TREE,t}$ ——第 t 年项目边界内的平均单位面积林木生物质碳储量的估计值，$tCO_2e \cdot hm^{-2}$

w_i ——第 i 项目碳层面积与项目总面积之比(面积权重)，$w_i = A_i/A$，无量纲；

$c_{TREE,i,t}$ ——第 t 年第 i 项目碳层的平均单位面积林木生物质碳储量的估计值，$tCO_2e \cdot hm^{-2}$

n_i ——第 i 项目碳层的样地数；

$S_{c_{TREE,t}}^2$ ——第 t 年第 i 项目碳层平均单位面积林木生物质碳储量估计值的方差，$tCO_2e \cdot hm^{-2}$

M ——项目边界内估算林木生物质碳储量的分层总数

i ——项目碳层

t ——自项目活动开始以来的年数。

第五步：计算项目边界内平均单位面积林木生物质碳储量的不确定性：

$$u_{C_{TREE,t}} = \frac{t_{VAL} * S_{C_{TREE,t}}}{C_{TREE,t}} \tag{10}$$

式中：

$u_{C_{TREE,t}}$ ——第 t 年，项目边界内平均单位面积林木生物质碳储量的估计值的不确定性（相对误差限），%；要求相对误差 ≤ 10%，即抽样精度 ≥ 90%

t_{VAL} ——可靠性指标。自由度等于 $n - M$（其中 n 是项目边界内监测样地总数，M 是林木生物量估算的层数），置信水平（可靠性）为 90%，查 t 分布双侧分位数表获得。本项目中，可靠性为 90%，自由度为 35 时，双侧 t 分布的 t 值在 Excel 电子表中输入"= TINV(0.10, 35)"可以计算得到 t 值为 1.6896

$S_{c_{TREE,t}}$ ——第 t 年，项目边界内平均单位面积林木生物质碳储量的估计值的方差的平方根（即标准误），$tCO_2e \cdot hm^{-2}$

第六步：计算第 t 年项目边界内的林木生物质总碳储量：

$$C_{TREE,t} = A * c_{TREE,t} \tag{11}$$

式中：

$C_{TREE,t}$ ——第 t 年项目边界内林木生物质碳储量的估计值，tCO_2e

A ——项目边界内碳层的面积总和，hm^2

$c_{TREE,t}$ ——第 t 年项目边界内平均单位面积林木生物质碳储量估计值，tCO_2e/hm^2

第七步：计算项目边界内林木生物质碳储量的年变化量。假设一段时间内，林木生物质碳储量的变化是线性的：

$$dC_{TREE(t_1,t_2)} = \frac{C_{TREE,t_2} - C_{TREE,t_1}}{T} \tag{12}$$

式中：

$dC_{TREE(t_1,t_2)}$ ——第 t_1 年和第 t_2 年之间项目边界内林木生物质碳储量变化量，$tCO_2e \cdot a^{-1}$

$C_{TREE,t}$ ——第 t 年时项目边界内林木生物质碳储量估计值，tCO_2e

T ——两次连续测定的时间间隔（$T = t_2 - t_1$），a

t_1，t_2 　　　　—自项目活动开始以来的第 t_1 年和第 t_2 年

首次核证时，将项目活动开始时的林木生物质碳储量赋值给《方法学》中公式(39)中的 C_{TREE,t_1}，即 $C_{TREE,t_1} = C_{TREE\_BSL}$，此时 $t_1 = 0$，$t_2 =$ 首次核查的年份。

第八步：计算核查期内第 t 年($t_1 \leqslant t \leqslant t_2$)时项目边界内林木生物质碳储量的变化量：

$$\Delta C_{TREE,t} = dC_{TREE(t_1,t_2)} * 1 \tag{13}$$

式中：

$\Delta C_{TREE,t}$ 　　—第 t 年时项目边界内林木生物质碳储量估计值，$tCO_2e \cdot a^{-1}$

$dC_{TREE(t_1,t_2)}$ 　—第 t_1 年和第 t_2 年之间项目边界内林木生物质碳储量变化量，$tCO_2e \cdot a^{-1}$

1 　　　　　—1 年，a

根据方法学的适用条件，本项目禁止进行炼山整地、火烧清林等燃烧生物质的人为火烧活动。因此项目边界内的温室气体排放的增加量($GHG_{E,t}$)只考虑森林火灾引起地上生物量和死有机物燃烧造成的温室气体排放。

$$GHG_{E,t} = GHG_{FF\_TREE,t} + GHG_{FF\_DOM,t} \tag{14}$$

式中：

$GHG_{E,t}$ 　　　—第 t 年时，项目边界内温室气体排放的增加量，$tCO_2e \cdot a^{-1}$

$GHG_{FF\_TREE,t}$ —第 t 年时，项目边界内由于森林火灾引起林木地上生物质燃烧造成的非 CO_2 温室气体排放的增加量，$tCO_2e \cdot a^{-1}$

$GHG_{FF\_DOM,t}$ —第 t 年时，项目边界内由于森林火灾引起死有机物燃烧造成的非 CO_2 温室气体排放的增加量，$tCO_2e \cdot a^{-1}$

t 　　　　　　—1，2，3，…，项目开始以后的年数，年(a)

森林火灾引起林木地上生物质燃烧造成的非 CO_2 温室气体排放，使用最近一次项目核查时(t_L)划分的碳层、各碳层林木地上生物量数据和燃烧因子进行计算。第一次核查时，无论自然或人为原因引起森林火灾造成林木燃烧，其非 CO_2 温室气体排放都假定为 0。

$$GHG_{FF\_TREE,t} = 0.001 * \sum_{i=1} A_{BURN,i,t} * b_{TREE,i,t_L} * COMF_i$$

$$* (EF_{CH_4} * GWP_{CH_4} + EF_{N_2O} * GWP_{N_2O}) \tag{15}$$

式中：

$GHG_{FF\_TREE,t}$ ——第 t 年时，项目边界内由于森林火灾引起林木地上生物质燃烧造成的非 CO_2 温室气体排放的增加量，$tCO_2e \cdot a^{-1}$

$A_{BURN,i,t}$ ——第 t 年时，项目第 i 层发生燃烧的土地面积，hm^2

$b_{TREE,i,tL}$ ——火灾发生前，项目最近一次核查时（第 t_L 年）第 i 层的林木地上生物量。如果只是发生地表火，即林木地上生物量未被燃烧，则 $b_{TREE,i,t}$ 设定为 0，$t \cdot hm^{-2}$

$COMF_i$ ——项目第 i 层的燃烧指数（针对每个植被类型）；无量纲

$EF_{CH_4,i}$ ——项目第 i 层的 CH_4 排放指数，$gCH_4 \cdot kg^{-1}$

$EF_{N_2O,i}$ ——项目第 i 层的 N_2O 排放指数，$g N_2O \cdot kg^{-1}$

GWP_{CH_4} ——CH_4 的全球增温潜势，用于将 CH_4 转换成 CO_2 当量，缺省值为 25

GWP_{N_2O} ——N_2O 的全球增温潜势，用于将 N_2O 转换成 CO_2 当量，缺省值为 298

i ——1，2，3，…，项目第 i 碳层，根据第 t_L 年核查时的分层确定

t ——1，2，3，…，项目开始以后的年数，年（a）

0.001 ——将 kg 转换成 t 的常数

森林火灾引起死有机物质燃烧造成的非 CO_2 温室气体排放，应使用最近一次核查（t_L）的死有机质碳储量来计算。第一次核查时由于火灾导致死有机质燃烧引起的非 CO_2 温室气体排放量设定为 0，之后核查时的非 CO_2 温室气体排放量计算如下：

$$GHG_{FF\_DOM,t} = 0.07 * \sum_{i=1} \left[A_{BURN,i,t} * (C_{DWi,t_L} + C_{LI,i,t_L}) \right] \tag{16}$$

式中：

$GHG_{FF\_DOM,t}$ ——第 t 年时，项目边界内由于森林火灾引起死有机物燃烧造成的非 CO_2 温室气体排放的增加量，$tCO_2e \cdot a^{-1}$

$A_{BURN,t}$ ——第 t 年时，项目第 i 层发生燃烧的土地面积，hm^2

C_{DW,i,t_L} ——火灾发生前，项目最近一次核查时（第 t_L 年）第 i 层的枯死木单位面积碳储量，$tCO_2e \cdot hm^{-2}$

C_{LI,i,t_L} 　　　　　—火灾发生前，项目最近一次核查时(第t_L年)第i层的枯落物单位面积碳储量，$tCO_2e \cdot hm^{-2}$

i 　　　　　　　—1，2，3，…，项目第i碳层，根据第t_L年核查时的分层确定

t 　　　　　　　—1，2，3，…，项目开始以后的年数，年(a)

0.07 　　　　　—非CO_2排放量占碳储量的比例，使用 IPCC 缺省值 (0.07)

$$\Delta C_{DW\_PROJ,t} = \sum_{i=1} \left(\frac{C_{DW\_PROJ,i,t_2} - C_{DW\_PROJ,i,t_1}}{t_2 - t_1} \right) \qquad (17)$$

$$C_{DW\_PROJ,i,t} = C_{TREE\_PROJ,i,t} \times DF_{DW} \qquad (18)$$

式中：

$\Delta C_{DW\_PROJ,t}$ 　　—第t年时，项目边界内枯死木碳储量变化量，$tCO_2e \cdot a^{-1}$

$C_{DW\_PROJ,i,t}$ 　　—第t年，第i层的枯死木碳储量，tCO_2e

$C_{TREE\_PROJ,i,t}$ 　　—第t年，第i层的林木生物质碳储量，tCO_2e

DF_{DW} 　　　　—保守的缺省因子，是项目所在地区森林中枯死木碳储量与活立木生物质碳储量的比值，无量纲

t_1，t_2 　　　　—项目开始以后的第t_1年和第t_2年，且 $t_1 \leqslant t \leqslant t_2$

i 　　　　　　　—1，2，3，…，项目碳层

$$\Delta C_{LI\_PROJ,t} = \sum_{i=1} \left(\frac{C_{LI\_PROJ,i,t_2} - C_{LI\_PROJ,i,t_1}}{t_2 - t_1} \right) \qquad (19)$$

$$C_{LI\_PROJ,i,t} = C_{TREE\_PROJ,i,t} \times DF_{LI} \qquad (20)$$

式中：

$\Delta C_{LI\_PROJ,t}$ 　　—第t年时，项目边界内枯落物碳储量变化量，$tCO_2e \cdot a^{-1}$

$C_{LI\_PROJ,i,t}$ 　　—第t年，第i层的枯落物碳储量，tCO_2e

$C_{TREE\_PROJ,i,t}$ 　　—第t年，第i层的林木生物质碳储量，tCO_2e

DF_{LI} 　　　　—保守的缺省因子，是项目所在地区森林中枯落物碳储量与活立木生物质碳储量的比值，无量纲

t_1，t_2 　　　　—项目开始以后的第t_1年和第t_2年，且 $t1 \leqslant t \leqslant t_2$

i 　　　　　　　—1，2，3，…，项目碳层

在本项目核证过程中，核证组发现项目监测报告(初版)C 部分所使用的

阔叶树材积公式与备案项目设计文件描述不一致，对此核证组开具了不符合项2，要求项目委托方在项目监测报告C部分进行澄清，项目委托方解释备案项目设计文件中所使用的广东阔叶树材积公式（材积表）不完善，本监测报告中对项目设计文件中阔叶树的材积公式进行改进、修正，统一采用与项目区气候、立地条件相似的广西阔叶树二元材积公式[①]（该材积式也是全球首个CDM造林/再造林项目"广西珠江流域治理再造林项目"中监测样地阔叶树材积计算所采用的材积公式，详见该项目第一监测期监测报告第24页，网址http：//cdm. unfccc. int/Projects/DB/TUEV-SUED1154534875. 41）计算监测样地的阔叶树材积。核证组检查了监测报告（终版）和相关证据文件，确认新阔叶树材积公式更有利于本项目更精确的核算减排量，并且公式来源可靠。因此，不符合项2关闭。

3.6.2 减排量计算所用数据的核证

减排量计算所用监测参数为样地林木的胸径/树高以及项目边界内发生火灾的区域面积。

核证组经现场访谈当地林业局官员和现场实地勘察，确认在本监测期内项目边界内未发生过森林火灾，因此项目边界内发生火灾的区域面积为0。

核证组通过查阅有资质的第三方测量单位——广东省林业调查规划院2015年1月出具的《项目碳汇监测报告》中的固定样地记录表，并且现场访问时核证组对样地林木胸径/树高测量数据进行了抽样测量复核，对监测报告和减排量计算表中的样地林木胸径/树高数据进行了交叉验证。

核证组通过上述交叉验证过程，确认：监测报告和减排量计算表中用于减排量计算的样地林木胸径/树高数据是真实可信的、准确的。

3.6.3 减排量计算结果的核证

3.6.3.1 样地平均单位面积林木生物质碳储量

样地林木生物量以样地林木胸径/树高数据作为基础，利用表9中的项目树种生物量计算模型计算得出。样地林木生物质碳储量根据公式（5）计算。核证组查阅减排量计算表中样地林木生物量计算过程的公式关联，并且利用Excel表格进行了验算，确认：减排量计算表中的样地林木生物量计算过程是正确和可再现的，计算结果是准确的。经核证的样地地上林木生物量和碳储量如下：

---

① 森林调查手册. 1986. 广西林业勘察设计院.

表 14　核证的样地林木生物量和碳储量

固定样地编号	单位面积碳储量（$tCO_2e/0.06hm^2$）	固定样地编号	单位面积碳储量（$tCO_2e/0.06hm^2$）
P101	0.2954	P423	0.2641
P102	0.1415	P424	0.2740
P103	0.0503	P525	0.6256
P104	0.0587	P526	1.3367
P105	0.1094	P527	0.4533
P106	0.1920	P528	0.6188
P107	0.2808	P529	0.1552
P108	0.3369	P630	0.1062
P109	0.1357	P631	0.1673
P210	0.1334	P632	0.0266
P211	0.3267	P733	0.7426
P212	0.1424	P734	0.3042
P213	0.5481	P735	0.0282
P314	0.1018	P836	0.7836
P315	0.1944	P837	0.0249
P316	0.1761	P838	1.6049
P317	0.3383	P839	1.0215
P318	0.1295	P840	1.0268
P319	0.3582	P841	0.1239
P320	0.5170	P942	0.1632
P321	0.2168	P943	0.3112
P422	0.4118	P944	0.0542

　　根据本报告 3.6.1.2 部分，计算项目总体平均数（平均单位面积林木生物质碳储量估计值）及其方差、标准误差、抽样精度（如下表）。抽样调查结果满足《方法学》抽样精度的要求（抽样精度≥90%），不需要进行精度校正。

表 15　核查的固定样地监测结果估值表

参数	数值	单位
固定样地数	44	个
项目碳层数	9	层
可靠性指标 t_{VAL}	1.6896	—
项目所种林木单位面积碳储量估计值	6.0093	tCO_2e/hm^2
项目所种林木单位面积碳储量估计值的方差	0.0971	$(tCO_2e/hm^2)^2$
标准误差(标准误)	0.3116	tCO_2e/hm^2
相对误差限(不确定性)	8.8%	%
抽样调查精度	91.2%	%
项目第 4 年所种林木生物质碳储量估计值	5208	tCO_2e

　　本项目第一监测期所种林木生物质碳储量 5208tCO_2e，加上第一监测期末(2014 年 12 月 31 日)基线林木生物质碳储量 2762 tCO_2e[①]，得到项目边界内林木生物质碳储量估计值(C_{TREE,t_2})为 7970 tCO_2e。

　　根据本报告 3.6.1.2 部分第七步和第八步，即用本监测期末(2014 年 12 月 31 日)项目边界内林木生物质碳储量估计值(C_{TREE,t_2})7970 tCO_2e，减去本监测期开始日期(2011 年 1 月 1 日)之前的项目边界内林木生物质碳储量估计值($C_{TREE,t1}$)810 tCO_2e〔数据来自备案的广东长隆碳汇造林项目设计文件的支持文件：广东长隆碳汇造林项目减排量计算表格(03 版，2014 年 07 月 01 日)中，基线碳汇量计算表单中 2010 年度的散生木碳储量〕，然后用得到本监测期内的变化量 7160 tCO_2e 除以本监测期长度 4 年，计算得到本监测期内年均的项目边界内林木生物质碳储量的年变化量为 1,790 tCO_2e/a。

3.6.3.2　项目边界内的温室气体排放增加量

　　核证组经现场访谈当地林业局官员和现场实地勘察，确认在本监测期内项目边界内未发生过森林火灾，因此项目边界内发生火灾的区域面积为 0，

---

　　① 截至第一监测期末(2014 年 12 月 31 日)的项目基线林木生物质碳储量 = 项目监测期开始日期(2011 年 1 月 1 日)之前的项目边界内林木生物质碳储量(810 tCO_2e) + 本监测期内(2011 年 1 月 1 日～2014 年 12 月 31 日)的基线碳汇量(1952 tCO_2e) =810 tCO_2e + 1952 tCO_2e =2762 tCO_2e。其中：项目监测期开始日期(2011 年 1 月 1 日)之前的项目边界内林木生物质碳储量(810 tCO_2e)的数据来源为：备案的广东长隆碳汇造林项目设计文件的支持文件：广东长隆碳汇造林项目减排量计算表格(02 版，2014 年 07 月 01 日)。本监测期内(2011 年 1 月 1 日～2014 年 12 月 31 日)的基线碳汇量(1952 tCO_2e)的数据来源为备案项目设计文件。

因此，项目边界内的温室气体排放增加量($GHG_{E,t}$)为 0。

3.6.3.3 项目碳汇量

经核查，核证组确认本项目碳汇量如下表所示：

表 16 核查的项目碳汇量

项目年份	林木碳储量年变化量 (tCO_2e/a)	温室气体排放量的增加量 (tCO_2e/a)	项目碳汇量 (tCO_2e/a)
2011.1.1~2011.12.31	1，790	0	1，790
2012.1.1~2012.12.31	1，790	0	1，790
2013.1.1~2013.12.31	1，790	0	1，790
2014.1.1~2014.12.31	1，790	0	1，790
合计	7，160	0	7，160

3.6.3.4 泄漏的计算

根据《方法学》的适用条件，不考虑项目实施可能引起的项目前农业活动的转移，也不考虑项目活动中使用运输工具和燃油机械造成的排放。因此在本方法学下，造林活动不存在潜在泄漏，即 $LK_t = 0$。

3.6.3.4 减排量计算总结

综上所述，本项目减排量计算结果如下：

年份	项目碳汇量 (tCO_2e)	基线碳汇量 (tCO_2e)	泄漏 (tCO_2e)	项目减排量 (tCO_2e)
2011.1.1~2011.12.31	1790	327	0	1463
2012.1.1~2012.12.31	1790	434	0	1356
2013.1.1~2013.12.31	1790	543	0	1247
2014.1.1~2014.12.31	1790	648	0	1142
合计	7160	1952	0	5208

核证组查阅了监测报告和减排量计算表中所有的公式关联，并且利用 Excel 表格对排放量计算过程进行了验算。核证组确认监测报告和减排量计算表中的减排量计算过程是正确和可再现的，减排量计算结果是准确的。

3.6.3.5 精度控制与校正

根据《方法学》要求，林木平均生物质最大允许相对误差需不大于 10%。由上表 15 可见，本项目抽样调查精度已达到 91.2%，抽样误差(8.8%)小于允许抽样误差(10%)，完全达到《方法学》规定的抽样精度要求。因此，本监测报告不需要进行精度校正，即不需要增加固定监测样地或对项目减排量进行打折处理。

3.6.3.6　对实际减排量与备案项目设计文件中预计值的差别的说明

本次监测期内实际减排量小于备案项目设计文件中的预估值。经核证，主要有三方面的原因：一是本项目 2011 年造林当年春季降雨量少，春旱严重，并且所造林木幼苗有较长的缓苗期，苗木生长较缓慢；二是本项目区土壤类型为赤红壤或红壤，其具有明显的脱硅富铝化作用，由于本项目地域属于亚热带季风气候区，光照充足，雨量充沛，降雨集中，年降雨量高达 1400～1900mm，造林地长期无森林植被覆盖，造成当地红壤淋溶作用很强，土壤有机质和养分流失严重，土壤贫瘠，肥力低下，导致适应能力较弱的新栽苗木生长缓慢；三是本项目所涉及树种大多数并不具有幼年高速生长的生物学特性，在 6 年生的幼年阶段还处于林木 S 生长曲线的最左下端的低平阶段，生长速度相对较为缓慢。因此，本项目本监测期内的实际温室气体减排量 5，208 tCO_2e 与备案的项目设计文件中预估的本监测期内温室气体减排量 77，113tCO_2e 相比相差较大。

现场核证过程中，核证组发现本监测期的实际减排量远低于备案项目设计文件的预估值，对此核证组开具了澄清项 7，要求项目委托方在监测报告 E.6 部分进一步解释其原因。项目委托方在监测报告(终版)中进行了补充说明并提供了相关证据，根据林业项目的行业经验，核证组确认项目委托方对估算值大于实际值的解释是合理的。因此，澄清项 7 关闭。

3.6.4　结论

综上所述，核证组依据备案的项目设计文件，对监测报告中本监测期内的减排量进行了核证，包括：减排量计算公式、使用的所有参数、数据以及减排量计算结果。核证组确认：

[1]监测期内参数和数据完整可得；

[2]监测报告中的信息与其它数据来源进行了交叉核对；

[3]基准线排放、项目排放以及泄漏的计算与方法学和备案的监测计划相一致；

[4]计算中使用的假设合理，使用的排放因子、默认值以及其它数值合理。

3.7　备案项目变更的评审

如前所述，本项目不涉及备案后的变更。

4 核证结论

中环联合(北京)认证中心有限公司(以下简称"CEC")受广东翠峰园林绿化有限公司委托,对国家温室气体自愿减排项目"广东长隆碳汇造林项目"(以下简称"本项目")第一次监测期内的碳减排量进行了核证。本项目备案号为021,备案日期为2014年7月21日,本次监测期时间为:2011年1月1日~2014年12月31日(包括首尾两天,共计1,461天)。

本项目为碳汇造林项目,属于类别(一)采用经国家发展改革委备案的方法学开发的减排项目,项目位于广东省梅州市五华县转水镇、华城镇;兴宁市径南镇、永和镇、叶塘镇;河源市紫金县附城镇、黄塘镇、柏埔镇;东源县义合镇,由广东翠峰园林绿化有限公司建设运营,造林规模13,000亩,本项目通过造林活动吸收、固定二氧化碳,产生林业碳汇,实现温室气体的减排。本项目为小规模项目,预计年减排量(净碳汇量)为17,365吨二氧化碳当量。项目计入期为2011年1月1日至2030年12月31日(含首尾两天,共计20年),计入期内的总预计减排量为347,292吨二氧化碳当量。

CEC核查了本项目的监测报告(第01版2015-3-10;第03版2015-5-10)、碳减排量计算表,并将其中的信息与支持性文件如备案的CCER项目设计文件及其审定报告进行核对,并通过交叉校核的方式,对本计入期内的碳减排量进行了核证,确认:

[1]项目实施与备案的项目设计文件一致;

[2]项目活动的监测符合方法学要求,与备案的监测计划一致;

[3]核证范围中所要求的内容已全部覆盖;

[4]项目计入期内产生的碳减排量是真实、可信的;

[5]核证过程无遗留问题。

本次监测期2011年1月1日~2014年12月31日为本项目的第1监测期(含首尾两天,共计1,461天),经CEC核证的本项目基线碳汇量、项目碳汇量和项目减排量如下:

年份	项目碳汇量 （tCO$_2$e）	基线碳汇量 （tCO$_2$e）	泄漏 （tCO$_2$e）	项目减排量 （tCO$_2$e）
2011.1.1～2011.12.31	1，790	327	0	1，463
2012.1.1～2012.12.31	1，790	434	0	1，356
2013.1.1～2013.12.31	1，790	543	0	1，247
2014.1.1～2014.12.31	1，790	648	0	1，142
合计	7，160	1，952	0	5，208
本监测期实际年均减排量				1，302

综上，CEC推荐该项目的计入期内的碳减排量备案。

北京，　2015/5/11　　　　　　　　　北京，2015/5/11

崔晓冬　　　　　　　　　　　　　　张小丹

核证组组长　　　　　　　　　　　　总经理

中环联合（北京）认证中心有限公司

5　参考文献

［1］监测报告，第01版，日期：2015－3－10

［2］监测报告，第03版，日期：2015－5－10

［3］碳减排量计算表，第01版，日期：2015－3－10

［4］碳减排量计算表，第02版，日期：2015－5－10

［5］备案的项目设计文件（第03版，日期：2014－7－1）

［6］项目设计文件审定报告（中环联合认证中心，报告编号：130914014，日期：2014－7－2）

［7］项目备案函（发改办气候［2014］1681号）

［8］项目业主的营业执照、组织机构代码证

［9］广东长隆碳汇造林项目作业设计，2010年10月

［10］关于广东长隆碳汇造林项目作业设计的批复，2010年11月5日

［11］项目竣工报告

［12］广东长隆碳汇造林项目建设成效核查报告，2012年6月

［13］项目固定样地监测报告，2015年1月

［14］广东长隆碳汇造林项目开发研讨决策会议纪要

［15］项目林权证

［16］监测手册

［17］监测培训记录

［18］碳减排量唯一性声明

［19］《温室气体自愿减排交易管理暂行办法》（发改办气候［2012］1668 号，2012 年 6 月 13 日）

［20］《温室气体自愿减排项目审定与核证指南》（发改办气候［2012］2862 号，2012 年 10 月 9 日）

［21］AR-CM-001-V01，碳汇造林项目方法学（V01）

［22］中国自愿减排交易信息平台 http：//cdm. ccchina. gov. cn/ccer. aspx

［23］ UNFCCC 清洁发展机制项目网 http：//cdm. unfccc. int/Projects/DB/CEC1352708837. 44/view

［24］GS 网站 http：//www. cdmgoldstandard. org/

［25］VCS 网站 http：//v-c-s. org

附件1 核证清单

核证要求	核证发现	核证结论
1. 自愿减排项目减排量的唯一性		
1.1 核证委托方是否声明所核证的减排量没有在其他任何国际国内减排机制下获得签发	是。项目业主提供了补充计入期内减排量唯一性声明。声明承诺"所核证的减排量没有在其他任何国际国内温室气体减排机制下获得签发"。	符合
1.2 核证机构是如何审查确认减排量的	核证组查阅了项目委托方提供的声明，声明承诺"所核证的减排量没有在其他任何国际国内温室气体减排机制下获得签发"。此外，核证组通过查阅 UNFCCC、GS、VCS 等网站，确认本项目本次核证的监测期内（监测期：2011 年 1 月 1 日～2014 年 12 月 31 日）的减排量，未在其它任何减排机制下获得签发，是唯一的。	符合
2. 项目实施与项目设计文件的符合性		
2.1 备案的减排项目是否按照项目设计文件实施	是。 经审阅兴宁市林业局于 2011 年 6 月 7 日出具的《广东长隆碳汇（兴宁市）造林项目竣工验收报告》、紫金县林业局于 2011 年 9 月 28 日出具的《紫金县广东长隆碳汇造林项目竣工报告》、东源县林业局于 2011 年 12 月 10 日出具的《东源县广东长隆碳汇造林项目竣工报告》、五华县林业局于 2012 年 5 月 20 日出具的《广东长隆碳汇（五华县）造林项目竣工验收报告》和广东省林业调查规划院（国家林业局授予的林业调查规划设计甲 A 级资质等级，编号甲 A19－001）于 2012 年 6 月出具的《广东长隆碳汇造林项目建设成效核查报告》，结合现场访问，核证组确认本碳汇造林项目地位于广东省梅州市五华县转水镇、华城镇，兴宁市径南镇、永和镇、叶塘镇；河源市紫金县附城镇、黄塘镇、柏埔镇，东源县义合镇。本项目由广东翠峰园林绿化有限公司协调投资建设和运营。实际规模为 13，000 亩，共包括 59 个小班，其中，梅州市五华县 4，000 亩 14 个小班、兴宁市 4，000 亩 9 个小班；河源市紫金县 3，000 亩 26 个小班、东源县 2，000 亩 10 个小班。经文件审核和现场访谈，核证组确认本项目造林树种包括：樟树、荷木、枫香、山杜英、相思、火力楠、红锥、格木和黎蒴，共计 9 个树种，进行随机混交种植。综上所述，核证组确认本项目实施种植的树种情况、造林面积和造林地理边界与项目设计文件中的一致。 经文件审核、现场访谈当地林业局官员和公开信息查阅，核证组确认在本监测期内，本项目边界内没有发生影响方法学适用性的情况，未发生森林火灾、毁林等破坏项目区新造幼林的情况，也未发生病虫害等危害森林的灾害。 澄清项 1： 请在项目监测报告 A.1 部分描述本项目的进程情况。 澄清项 2： 请在项目监测报告 A.1 部分描述本项目除国内自愿减排项目外在其他国际或国内减排机制注册和签发的情况。	澄清项 1 澄清项 2 澄清项 3 提交备案申请前，澄清项 1、澄清项 2 和澄清项 3 已经关闭。 符合

（续）

核证要求	核证发现	核证结论
	澄清项3： 请在监测报告 B.1 部分描述本项目在本监测期内发生森林火灾、毁林、病虫害等破坏和危害项目区新造幼林的情况。	
2.2 所有的物理设施是否按照备案的项目设计文件安装	是。 本项目从 2011 年 1 月 4 开工建设，采用 9 个树种进行随机混交种植(不规则块状)，初值密度 74 株/亩。经核查，核证组确认本项目的造林模式与备案的项目设计文件一致，如下表：	澄清项4 澄清项5 提交备案申请前，澄清项4 和澄清项5 已经关闭。 符合

本项目从 2011 年 1 月 4 开工建设，采用 9 个树种进行随机混交种植(不规则块状)，初值密度 74 株/亩。经核查，核证组确认本项目的造林模式与备案的项目设计文件一致，如下表：

造林模式编号	造林树种配置	五华县造林模式	兴宁市造林模式	紫金县造林模式	东源县造林模式
I	樟树18 荷木 20 枫香 18 山杜英 18	√	×	×	×
II	樟树18 荷木 20 相思 18 火力楠 18	√	×	×	×
III	荷木 26 黎蒴 12 樟树17 枫香 19	×	√	×	×
IV	荷木 31 黎蒴 18 樟树 25	×	√	×	×
V	枫香 16 荷木 20 格木 20 红锥 18	×	×	√	×
VI	枫香 20 荷木 32 火力楠6 樟树 16	×	×	√	×
VII	枫香 26 荷木 23 格木 25	×	×	√	×
VIII	荷木 22 枫香 22 樟树15 红锥 15	×	×	×	√
IX	山杜英 40 荷木 14 樟树10 火力楠 10	×	×	×	√

澄清项4：
请在监测报告(初版)B.1 部分描述本项目所涉及的五华县、兴宁市、紫金县和东源县具体树种选择及配置方式。
澄清项5：
监测样地形状为圆形，与备案项目设计文件中的要求不一致，请澄清。

（续）

核证要求	核证发现	核证结论
2.3 项目实施中是否出现偏移或变更，如是，偏移或变更是否符合方法学的要求	文件评审与现场访问过程中，确认本项目在核证的监测期内未发现造林项目信息和造林活动的变更，或其它影响方法学适用性、或需要备案后变更的情况，也不需要对监测计划和方法学进行临时偏移。	不涉及
2.4 项目是否具有多个现场，如是，监测报告是否描述了每一个现场的实施状态及其开始运行日期	本项目有多个现场。项目地址/地理坐标：广东省梅州市五华县转水镇、华城镇；兴宁市径南镇、永和镇、叶塘镇；河源市紫金县附城镇、黄塘镇、柏埔镇；东源县义合镇的共 59 个小班。五华县（东经 115°18′~116°02′、北纬 23°23′~24°12′）；兴宁市（东经 115°30′~116°00′、北纬 23°51′~24°37′）；紫金县（东经 114°40′~115°30′、北纬 23°10′~23°45′）；东源县（东经 114°38′~115°22′、北纬 23°41′~24°13′）。 经核查，确认监测报告中已描述了每一个现场的实施状态及其开始运行日期，如下表：	符合

时间	关键事件
2010 年 10 月	广东省林业调查规划院编制完成《广东长隆碳汇造林项目作业设计》
2010 年 11 月 5 日	广东省林业厅下发《关于广东长隆碳汇造林项目作业设计的批复》
2011 年 12 月 20 日	广东碳汇造林项目碳汇减排量的决议
2011 年 1 月 4 日	五华县造林工程开工
2011 年 1 月 5 日	兴宁市造林工程开工
2011 年 1 月 7 日	紫金县造林工程开工
2011 年 1 月 8 日	东源县造林工程开工
2011 年 5 月 20 日	五华县造林工程竣工
2011 年 6 月 7 日	兴宁市造林工程竣工
2011 年 9 月 28 日	紫金县造林工程竣工
2011 年 12 月 10 日	东源县造林工程竣工
2012 年 6 月	广东省林业调查规划院出具《广东长隆碳汇造林项目建设成效核查报告》
2015 年 1 月	本项目第一次计量监测完成（广东省林业调查规划院）

核证要求	核证发现	核证结论
2.5 项目是否属于阶段性实施的项目，MR 是否描述了项目实施的进度	本项目不属于阶段性实施的项目。	符合
2.6 阶段性的实施是否出现延误，原因是什么，预估的开始运行日期是哪天?	不涉及	不涉及

（续）

核证要求	核证发现	核证结论
3 监测计划与方法学的符合性		
3.1 备案的减排项目的监测计划是否符合所选择的方法学及其工具	是。项目业主为本项目的监测活动制订了完整的监测计划，包括：需要监测的参数清单、组织结构、项目边界、基线碳汇量和项目碳汇量的监测方法、项目边界内温室气体排放的增加量的监测、人员培训和数据管理。 经现场访问与文件评审监测报告、备案的项目设计文件、备案的本项目审定报告等，核证组确认：本项目的监测计划符合所选择的《方法学》(AR-CM-001-V01)，不需要申请偏移或修改。	符合
3.2 是否需要向国家发展和改革委员会提出监测计划修订申请	不涉及	不涉及
4 监测与监测计划的符合性		
4.1 备案的减排项目是否按照批准的监测计划实施监测活动	是	符合
4.2 监测计划中的所有参数，包括与项目排放、基准线排放以及泄漏有关的参数是否已经得到了恰当地监测	根据备案的监测计划和监测报告，下列内部参数需要进行监测，以用于减排量的计算： {表格见下}	不符合项 1 提交备案申请前，不符合项 1 已经关闭。 符合

根据备案的监测计划和监测报告，下列内部参数需要进行监测，以用于减排量的计算：

参数	参数说明
Ai:	参数名称：第 i 项目碳层的面积，单位：hm^2
	测定步骤：采用国家森林资源清查或森林规划设计调查使用的标准操作程序。
	测量工具：套 1：10000 地形图的作业设计图，GPS。
	测量结果：A1 = 182.2hm^2；A2 = 84.5hm^2；A3 = 172.5hm^2；A4 = 94.2hm^2；A5 = 100.0hm^2；A6 = 54.1hm^2；A7 = 45.9hm^2；A8 = 124.1hm^2；A9 = 9.2hm^2。面积误差小于 5%，符合精度要求。
Ap:	参数名称：样地的面积，单位：hm^2
	测定步骤：采用国家森林资源清查或森林规划设计调查使用的标准操作程序。
	测量工具：皮尺（用于测量样圆半径 R = 13.82m），GPS（测定圆形样地中心地理坐标）。
	测量结果：共准确测定了 44 个圆形固定监测样地，监测样地面积均为 0.06 hm^2/个。
DBH:	参数名称：胸径，用于利用材积公式计算林木材积，单位：厘米(cm)
	测定步骤：采用国家森林资源清查或森林规划设计调查使用的标准操作程序。

（续）

核证要求	核证发现	核证结论

（续）

参数	参数说明
DBH：	测量工具：钢制测径尺（用钢制测径尺测量林木胸高1.3m的处的直径）。 测定结果：《项目固定样地监测报告》中的固定样地记录表已完整记录。
H：	参数名称：树高，用于利用材积公式计算林木材积，单位：米（m） 测定步骤：采用国家森林资源清查或森林规划设计调查使用的标准操作程序。 测量工具：测杆或布鲁莱斯测高器。 测定结果：《项目固定样地监测报告》中的固定样地记录表已完整记录。
$A_{BURN,i,t}$：	参数名称：第 t 年第 i 层发生火灾的面积，单位：hm^2 测定步骤：用1:10000地形图或造林作业验收图现场勾绘发生火灾危害的面积，或采用符合精度要求的 GPS 和遥感图像测量火灾面积。 测量工具：GPS，造林作业验收图。 测定结果：本监测期内未发生火灾，发生火灾面积为0。

上述参数中样地面积、胸径及树高的测量，均由独立的第三方机构广东省林业调查规划院按照相关标准和要求在固定样地进行测量和记录，测量结果真实可信。项目参与方利用测量和记录的这些数据代入减排量计算表格中对减排量进行计算。由于在本计入期内（2011年1月1日～2014年12月31日）未发生火灾等灾害，因此 $A_{BURN,i,t}$ 为0。

不符合项1：

监测报告（初版）D.1部分"事前确定的数据和参数"中，树种的生物量含碳率（$CF_{TREE,j}$）与备案的项目设计文件描述不一致，请澄清。

核证要求	核证发现	核证结论
4.3 监测设备是否得到了维护和校准，维护和校准是否符合监测计划、应用方法学、地区、国家或设备制造商的要求	是。鉴于林业碳汇项目监测活动及监测设备的特殊性，本项目的备案监测计划中并未明确要求测量设备的校准信息。经核证组查阅相关国家标准和现场访问，及与备案的项目设计文件核对，确认：项目业主委托由国家林业局授予林业调查规划设计甲 A 级资质等级的广东省林业调查规划院进行本项目的实地测量工作，因此，测量设备校准频次符合已备案的监测计划和方法学的要求。	符合
4.4 监测结果是否按照监测计划中规定的频次记录	符合	符合

（续）

核证要求	核证发现	核证结论
4.5 质量保证和控制程序是否按照备案的监测计划（或修订的监测计划）实施	是。项目业主建立了一套完善的减排量监测管理体系，并在项目活动中严格实施。相关的测量、报告职能明确，运行流程清晰。监测报告中对数据管理的描述与现场访问时确认的实际情况一致。现场访问时，核证组还查阅了项目活动的监测手册与人员培训记录，相关记录齐全并保存较好。	符合
5 校准频次的符合性		
5.1 项目业主是否按照监测方法学和/或监测计划中明确的校准频次对监测设备进行校准	是。鉴于林业碳汇项目监测活动及监测设备的特殊性，本项目的备案监测计划中并未明确要求测量设备的校准信息。经核证组查阅相关国家标准和现场访问，及与备案的项目设计文件核对，确认：项目业主委托由国家林业局授予林业调查规划设计甲 A 级资质等级的广东省林业调查规划院进行本项目的实地测量工作，因此，测量设备校准频次符合已备案的监测计划和方法学的要求。	符合
5.2 是否存在校准延迟的情况，如是，项目业主如何进行保守计算	不涉及	不涉及
5.3 项目业主是否存在由于不可控因素而无法按照应用的方法学和备案的监测计划对设备进行校准	不涉及	不涉及
5.4 哪些参数在方法学或备案的监测计划没有对监测设备的监测频次提出要求，这些监测设备是否按照地方标准、国家标准、设备制造商的要求以及国际标准的优先顺序的要求对设备进行了校准	不涉及	不涉及
6 减排量计算的评审		

（续）

核证要求	核证发现	核证结论
6.1 项目业主是否按照备案的项目设计文件对实际产生的减排量进行计算	是。经文件评审与现场访问确认，项目业主依照备案的减排量计算公式、监测参数、审定前已经固定的参数等，计算了本项目的减排量。 不符合项2： 监测报告(初版)C部分所使用的阔叶树材积公式与备案项目设计文件描述不一致，请澄清。 澄清项6： 监测报告(初版)E部分中未描述本项目减排量计算的公式及其变量定义，请补充。	~~不符合项2~~ ~~澄清项6~~ 提交备案申请前，不符合项2和澄清项6已经关闭。 符合
6.2 监测期内是否出现由于未监测而导致的数据缺失，如是，项目业主是否对减排量进行保守计算	不涉及	不涉及
6.3 减排量在监测期内是否高于同期预估的减排量，如是，是否在监测报告中予以说明	本次监测期内实际减排量小于备案项目设计文件中的预估值。经核证，主要有三方面的原因：一是本项目2011年所造林木幼苗有较长的缓苗期，苗木生长较缓慢；二是本项目区土壤类型为赤红壤或红壤，其具有明显的脱硅富铝化作用。由于本项目地域属于亚热带季风气候区，光照充足，雨量充沛，降雨集中，年降雨量高达1400～1900mm，造林地长期无森林植被覆盖，造成当地红壤淋溶作用很强，土壤有机质和养分流失严重，土壤贫瘠，肥力低下，导致适应能力较弱的新栽苗木生长缓慢；三是本项目所涉及树种大多数并不具有幼年高速生长的生物学特性，在6年生的幼年阶段还处于林木S生长曲线的最左下端的低平阶段，生长速度相对较为缓慢。因此，本项目本监测期内的实际温室气体减排量5，208 tCO_2e 与备案的项目设计文件中预估的本监测期内温室气体减排量77，113tCO_2e 相比相差较大。 澄清项7： 本监测期的实际减排量远低于备案项目设计文件的预估值，请澄清。	~~澄清项7~~ 提交备案申请前，澄清项7已经关闭。 符合
6.4 核证过程中，核证组用哪些信息源对监测报告中的信息进行了交叉核对	核证组通过以下信息源对监测报告中的信息和数据进行了交叉核对，确认监测报告中的信息和数据是准确的。 备案的项目设计文件和审定报告 林业碳汇计量监测技术规程(DB11/T953－2013) 样地树木胸径树高原始测量记录(广东省林业调查规划院) 核证组现场抽样测量的胸径/树高数据记录	符合

（续）

核证要求	核证发现	核证结论
6.5 基准线排放、项目排放以及泄漏的计算是否与方法学和备案的监测计划相一致	根据所应用的方法学和备案的项目设计文件，本项目的减排量计算公式如下： 其中： 经核证，确认项目碳汇量的计算与备案的监测计划和方法学一致。	符合
6.6 计算中使用了哪些假设、排放因子以及默认值，数值是否合理	经核证，审定过程中已经固定和减排量计算过程中使用的参数符合方法学的要求。	符合

附件2　备案项目变更审定清单(适用时)

根据《温室气体自愿减排项目审定与核证指南》中关于"项目备案后变更的审定要求",项目备案之后可能会发生监测计划的偏移或修订、项目补充说明文件中的信息或参数的纠正、计入期开始日期的变更以及项目设计的变更。对这些变更的审定可以与项目减排量的核证同时进行。经文件审核和现场访问,CEC确认:

[1]本项目实施过程中不存在临时偏移监测计划或者方法学的情况;

[2]本项目存在对项目信息或参数进行纠正的情况,详见附件3之不符合项1和不符合项2;

[3]本项目不存在变更项目减排计入期的开始时间的情况;

[4]本项目不存在监测计划和/或方法学永久性的变更;

[5]本项目不存在拟议的或实际的项目设计上的变更。

附件3 不符合、澄清要求及进一步行动要求清单

不符合、澄清要求及进一步行动要求	项目业主原因分析及回复	核证结论
不符合项1： 监测报告（初版）D.1部分"事前确定的数据和参数"中，树种的生物量含碳率($CF_{TREE,j}$)与备案的项目设计文件描述不一致，请澄清。	本项目备案设计文件中使用的是IPCC默认值，为0.47公吨碳/公吨生物量；本监测期内树种的生物量含碳率($CF_{TREE,j}$)采用广东省林业调查规划院的实测值。根据广东省林业调查规划院实际测定广东地区主要阔叶树种标准木60株的结果，广东地区硬阔类树木的生物量平均含碳率(CF)值为0.5238，软阔类树木的CF平均值为0.5232，所有阔叶树CF平均值为0.524（详见：刘飞鹏，肖智慧.广东省林业碳汇计量研究与实践.北京：中国林业出版社，2013，P83）。该数值是当地专业机构在当地采样实际测定的结果，优于IPCC的默认值。	核证组检查了监测报告（终版）和相关证据文件，确认树种的生物量含碳率($CF_{TREE,j}$)的更新有利于本项目更精确的核算减排量，并且该数值出自第三方机构，来源可靠，数值准确。 因此，不符合项1关闭。
不符合项2： 监测报告（初版）C部分所使用的阔叶树材积公式与备案项目设计文件描述不一致，请澄清。	本项目备案设计文件中所使用的广东阔叶树材积公式（材积表）不完善，本监测报告中对项目设计文件中阔叶树的材积公式进行改进、修正，统一采用与项目区气候、立地条件相似的广西阔叶二元材积公式（该材积式也是全球首个CDM造林/再造林项目"广西珠江流域治理再造林项目"中监测样地阔叶树材积计算所采用的材积公式，详见该项目第一监测期监测报告第24页，网址 http://cdm.unfccc.int/Projects/DB/TUEV-SUED1154534875.41）计算监测样地的阔叶树材积。	核证组检查了监测报告（终版）和相关证据文件，确认新阔叶树材积公式更有利于本项目更精确的核算减排量，并且公式来源可靠。 因此，不符合项2关闭。
澄清项1： 请在项目监测报告A.1部分描述本项目的进程情况。	已在监测报告（终版）中添加了本项目进程的相关描述，并提供了相关证据文件给审定机构。 | 时间	关键事件
---	---
2010年10月	广东省林业调查规划院编制完成《广东长隆碳汇造林项目作业设计》
2010年11月5日	广东省林业厅下发《关于广东长隆碳汇造林项目作业设计的批复》。
2011年12月20日	广东碳汇造林项目碳汇减排量的决议
2011年1月4日	五华县造林工程开工
2011年1月5日	兴宁市造林工程开工
2011年1月7日	紫金县造林工程开工
2011年1月8日	东源县造林工程开工
2011年5月20日	五华县造林工程竣工
2011年6月7日	兴宁市造林工程竣工
2011年9月28日	紫金县造林工程竣工
2011年12月10日	东源县造林工程竣工
2012年6月	广东省林业调查规划院出具《广东长隆碳汇造林项目建设成效核查报告》
2015年1月	本项目第一次固定样地监测完成（广东省林业调查规划院）		核证组检查了更新后的监测报告（终版）和相关支持性证据文件，确认监测报告（终版）中增加的描述与备案的项目设计文件一致，并且与实际情况相符。 因此，澄清项1关闭。

（续）

不符合、澄清要求及进一步行动要求	项目业主原因分析及回复	核证结论
澄清2： 请在项目监测报告 A.1 部分描述本项目除国内自愿减排项目外在其他国际或国内减排机制注册和签发的情况。	已在监测报告（终版）中添加了相关描述，并提供了《减排量唯一性声明》（2015 年 4 月 17 日）。	经查阅 UNFCCC、GS、VCS 等网站，核证组确认本项目本次核证的监测期内（监测期：2011 年 1 月 1 日～2014 年 12 月 31 日）的减排量，未在其它任何减排机制下获得签发，是唯一的。 因此，澄清项 2 关闭。
澄清项 3： 请在监测报告 B.1 部分描述本项目在本监测期内发生森林火灾、毁林、病虫害等破坏和危害项目区新造幼林的情况。	已在监测报告（终版）中添加相关描述，本项目未在本监测期内发生森林火灾、毁林、病虫害等破坏和危害项目区新造幼林的情况。	核证组经现场访谈当地林业局官员和现场实地勘察，确认本项目在本监测期内未发生森林火灾、毁林、病虫害等破坏和危害项目区新造幼林的情况。 因此，澄清项 3 关闭。
澄清项 4： 请在监测报告（初版）B.1 部分描述本项目所涉及的五华县、兴宁市、紫金县和东源县具体树种选择及配置方式。	已添加相关描述，如下表： 本项目从 2011 年 1 月 4 开工建设，采用 9 个树种进行随机混交种植（不规则块状），初值密度 74 株/亩。经核查，核证组确认本项目的造林模式与备案的项目设计文件一致，如下表：	核证组检查了更新后的监测报告（终版）、相关支持性证据文件（《广东长隆碳汇造林项目建设成效核查报告》），确认监测报告（终版）中所增加的描述真实、准确。 因此，澄清项 4 关闭。

造林模式编号	造林树种配置	五华县造林模式	兴宁市造林模式	紫金县造林模式	东源县造林模式
I	樟树 18 荷木 20 枫香 18 山杜英 18	√	×	×	×
II	樟树 18 荷木 20 相思 18 火力楠 18	√	×	×	×
III	荷木 26 黎蒴 12 樟树 17 枫香 19	×	√	×	×
IV	荷木 31 黎蒴 18 樟树 25	×	√	×	×
V	枫香 16 荷木 20 格木 20 红锥 18	×	×	√	×
VI	枫香 20 荷木 32 火力楠 6 樟树 16	×	×	√	×
VII	枫香 26 荷木 23 格木 25	×	×	√	×
VIII	荷木 22 枫香 22 樟树 15 红锥 15	×	×	×	√
IX	山杜英 40 荷木 14 樟树 10 火力楠 10	×	×	×	√

（续）

不符合、澄清要求及进一步行动要求	项目业主原因分析及回复	核证结论
澄清项5：监测样地形状为圆形，与备案项目设计文件中的要求不一致，请澄清。	将固定监测样地的形状由矩形改进为国际上使用最多、无面积闭合差、边界木最少、调查效率高的圆形样地，监测样地面积与备案项目设计文件中规定完全一样（圆形样地面积 $0.06 hm^2$，圆形样地半径 $13.82 m$），抽取样地数量不变（44 个固定样地），同时不影响测量精度和准确度。 宋新民，李金良．抽样调查技术（北京林业大学重点建设教材）．北京：中国林业出版社，北京；2007，P32．相关文献已提供给核证机构。	经核查，核证组确认项目委托方监测样地形状的调整不影响测量精度和准确度。 因此，澄清项5关闭。
澄清项6：监测报告（初版）E 部分中未描述本项目减排量计算的公式及其变量定义，请补充。	在监测报告 E 部分中增加了本项目减排量计算的公式及其变量含义，根据本项目所应用的《碳汇造林项目方法学》（AR-CM-001-V01）和备案的项目设计文件，项目活动所产生的减排量，等于项目碳汇量减去基线碳汇量。如下公式： $$\Delta C_{AR,t} = \Delta C_{ACTURAL,t} - \Delta C_{BSL,t}$$ 式中： $\Delta C_{AR,t}$ ——第 t 年时的项目减排量，$tCO_2 e \cdot a^{-1}$ $\Delta C_{ACTURAL,t}$ ——第 t 年时的项目碳汇量，$tCO_2 e \cdot a^{-1}$ $\Delta C_{BSL,t}$ ——第 t 年时的基线碳汇量，$tCO_2 e \cdot a^{-1}$ t ——1，2，3，…，项目开始以后的年数	经核查，CEC 确认监测报告中添加了减排量计算公式及其变量的定义，并且所添加内容与备案项目设计文件一致、符合方法学要求。 因此，澄清项6关闭。
澄清项7：本监测期的实际减排量远低于备案项目设计文件的预估值，请澄清。	本次监测期内实际减排量小于备案项目设计文件中的预估值。原因主要有三个：一是本项目 2011 年春季降雨量少，春旱严重，并且所造林木幼苗有一个较长的缓苗期，苗木生长较缓慢；二是项目区土壤类型几乎是红壤，其具有明显的脱硅富铝化作用，由于当地属于亚热带季风气候区，光照充足，雨量充沛，降雨集中，年降雨量高达 1400～1900mm，造林地长期无森林植被覆盖，造成当地红壤淋溶作用很强，土壤有机质和养分流失严重，土壤贫瘠，肥力低下，加上项目区有些小班抚育施肥管理不到位，导致适应能力比较弱的新栽树苗生长较慢；三是这些树种大多数并不具有幼年高速生长的生物学特性，在 6 年生的幼年阶段还处于林木 S 生长曲线的最左下端的低平阶段，生长速度相对较为缓慢。鉴于此，要加强后续林地及幼树抚育施肥等经营管理，为新造幼林创造更好的生长条件，促进林木生长和郁闭成林，实现预期的造林目标。	根据林业项目的行业经验，核证组接受了项目委托方的解释。经查阅监测报告（第 03 版）中 E.6 部分的解释说明，核证组确认项目委托方估算值大于实际值的解释是合理的。 因此，澄清项7关闭。

附件4 公示期意见

根据《指南》的要求，CEC 于 2015 年 4 月 3 日在"中国自愿减排交易信息平台"公示了本项目的监测报告(第 01 版，日期：2015 年 3 月 10 日)，公示期为 2015 年 4 月 3 日~2015 年 4 月 16 日，公示期间未收到利益相关方的意见。

附件5 人员能力证明

崔晓冬

崔晓冬是温室气体减排项目审核组长。他自 2009 年以来在 QMS、能源审计、CDM 相关知识体系和温室气体核算领域参加了多个内部和外部培训。他参加了国内外 40 余个 CDM/VCS 项目的审定/核证工作、规划类(PoA)项目审定等，涉及的项目领域包括水电、风电、煤层气、生物质发电、能源需求、制造业、废物处理等。

根据 CEC-4001D-A/0 CCER 审核人员能力管理作业指导书，被评为 CCER 审定员、核证员、审定/核证组长、技术评审人员。

专业领域：1, 3, 4, 7, 8, 10, 13

北京，2015 年 2 月 26 日

张小丹

CDM 技术总监

徐玲华

质量保障管理岗

周才华

周才华是温室气体减排项目审核组长。他参加了 CDM、EMS、GS、ISO14064 等 GHG 相关培训课程，同时为环境标志产品检查员。他参与了 30 多个 CDM 项目的审定/核证和 40 余个国内碳盘查、节能量审核、合同能源管理项目的审核工作，涉及的领域包括：水电、风电、水泥制造、热力生产、制造业、废物处理等。其中包括了 1 领域、4 领域、13 领域和 14 领域的项目，积攒了丰富的项目审核经验。

根据 CEC-4001D-A/0 CCER 审核人员能力管理作业指导书，被评为 CCER 审定员、核证员、审定/核证组长、技术评审人员。

专业领域：1，4，13，14

北京，2015 年 2 月 10 日

张小丹

CDM 技术总监

薛靖华

质量保障管理岗

徐玲华

徐玲华是温室气体减排项目审核组长。她参加了 CDM、EMS、GS、ISO14064 等 GHG 相关培训课程，同时也是 EMS、OHS 高级审核员和 QMS、环境标志产品检查员。她拥有超过 10 年的高级 EMS 审核员资质和 6 年的 CDM、CCER 项目审核经验，参与了 70 多个 CDM、CCER 项目的审定/核查、规划类（PoA）项目审定等，涉及的领域包括水电、风电、生物质能发电、水泥余热回收和节能灯替换等。其中大多数项目属于 1 领域，积攒了丰富的可再生能源项目审核经验。除 CDM 审核外，也参与了世界大坝委员会标准下的水电项目和节能量项目审核工作。

根据 CEC-4001D-A/0 CCER 审核人员能力管理作业指导书，被评为 CCER 审定员、核证员、审定/核证组长、技术评审人员。

专业领域：1，3，5，11，12，13

北京，2014 年 7 月 2 日

张小丹

CDM 技术总监

刘清芝

质量保障管理岗

张 欢

张欢是温室气体实习审核员。她参与了 CCER、CDM、GS、ISO14064、GHG protocol、合同能源管理、环境标准、低碳试点省市碳核查等 GHG 相关的培训课程。自 2012 年加入 CEC 以来，她参与了多个试点省市碳排放核查项目、ISO14064 碳盘查项目和合同能源管理项目的审核工作，项目领域涉及绿色照明，节能系统优化，农业等，积累了丰富的审核经验。作为 CCER 审核员，参与多个可再生能源、能源需求、制造业、农业和废物处理等领域 CCER 项目的审核工作，积累了大量的审核经验。

根据 CEC-4001D-A/0 CCER 审核人员能力管理作业指导书，被评为 CCER 审定员、核证员、技术评审人员。

专业领域：1，3，4，13，15

北京，2015 年 1 月 12 日

张小丹   薛靖华

CDM 技术总监   质量保障管理岗

郑小贤

郑小贤是技术领域 14 的技术专家。他于 1995 年日本岐阜大学获得森林经营专业博士学位后，一直在北京林业大学从事林业方面的科研、教学等工作，至今拥有近 20 年经验。他先后编著了 8 部专著，发表论文 70 余篇，主持完成多项国家自然科学基金项目、国家社会科学基金项目、"九五"、"十五"、"十一五"和"十二五"国家科技支撑项目。主持或参与编制了"中国森林认证标准"、"中国森林认证实施规则"、"中国森林认证审核导则"、"非木质林产品"、"竹林认证标准"等国家和行业标准。加入 CEC 之后多次参加 CDM 和低碳领域的各类培训，掌握温室气体减排领域相应审定核查规则和要求。

根据 CEC-4001D-A/0 CCER 审核人员能力管理作业指导书，被评为 CCER 技术专家。

专业领域：14

北京，2013 年 12 月 4 日

张小丹

CDM 技术总监

薛靖华

质量保障管理岗

张小全

张小全是温室气体减排项目审核员。加入 CEC 之前，他在某国有林场有过 10 余年的管理经验。作为一名环境管理体系/质量管理体系高级审核员以及环境标志检查员，拥有 10 年的审核经验。自 2007 年以来，参加过多次CDM 培训和温室气体核算相关的培训，掌握了温室气体减排领域相应审定核查规则和要求。

根据 CEC-4001D-A/0 CCER 审核人员能力管理作业指导书，被评为CCER 审定员、核证员、技术评审人员。

专业领域：14

北京，2013 年 5 月 20 日

张小丹

CDM 技术总监

徐玲华

质量保障管理岗

刘清芝

刘清芝是温室气体减排项目审核组长。她参加了 CDM、EMS、GS、ISO14064 等 GHG 相关培训课程，同时也是 EMS 高级审核员和环境标志产品高级检查员。她参与了 130 多个 CDM 项目的审定/核查、规划类(PoA)项目审定以及近百个 CCER 项目的审定/核查工作等，涉及的领域包括水电、风电、煤层气回收和利用，及动物粪便回收和节能灯替换、农业等。其中大多数项目属于 1、8 和 10 领域，积攒了丰富的可再生能源和矿业领域的审核经验。除 CDM 审核外，也参与了世界大坝委员会标准下的水电项目和节能量审核项目。

根据 CEC-4001D-A/0 CCER 审核人员能力管理作业指导书，被评为 CCER 审定员、核证员、审定/核证组长、技术评审人员。

专业领域：1, 3, 5, 7, 8, 10, 11, 12, 15

北京，2015 年 2 月 26 日

张小丹

CDM 技术总监

薛靖华

质量保障管理岗

郭洪泽

郭洪泽是温室气体减排项目实习审核员。他具有 CDM 项目开发经验，参与了数个水电、风电、光伏发电的审定/核查项目，其中大多数项目属于 1 领域，积攒了丰富的可再生能源项目经验。他也参加了 CDM、GS、VCS 和 ISO14064 等 GHG 相关课程的培训。除 CDM 审核外，同时他也参与了数个 ISO14064 碳盘查和广东省水泥企业、钢铁企业的碳排放摸底盘查工作。

根据 CEC-4001D-A/0 CCER 审核人员能力管理作业指导书，被评为 CCER 审定员、核证员、审定/核证组长、技术评审人员。

专业领域：1

北京，2014 年 11 月 14 日

张小丹

CDM 技术总监

薛靖华

质量保障管理岗

附　录

附录1　广东长隆碳汇造林项目备案申请文件清单

广东长隆碳汇造林项目
自愿减排项目备案申请材料清单
（审核会后）

1. 审核会后项目申请材料修改说明
2. 广东省发展改革委关于广东长隆碳汇造林项目申请温室气体自愿减排项目备案的请示
3. 自愿减排项目备案申请函
4. 自愿减排项目备案申请表
5. 国家自愿减排交易登记簿开户申请表
6. 项目概况说明
7. 企业营业执照复印件
8. 组织机构代码证复印件
9. 林业项目作业设计批准文件
10. 开工时间证明文件
11. 碳汇造林的协议
12. 项目设计文件
13. 项目审定报告

附录2　广东长隆碳汇造林项目减排量备案申请文件清单

广东长隆碳汇造林项目
减排量备案申请材料清单
（审核会后）

1. 温室气体自愿减排项目减排量备案专家评审意见
2. 关于减排量备案项目审议会后修改的情况说明表
3. 温室气体自愿减排项目减排量备案申请表
4. 国家自愿减排交易登记簿开户申请材料
5. 自愿减排项目减排量备案申请函
6. 减排量唯一性声明
7. 温室气体自愿减排项目备案的复函
8. 监测报告
9. 减排量核证报告

中华人民共和国国家发展和改革委员会

发改办气候〔2014〕1681 号

国家发展改革委办公厅关于同意荆门子陵铺风电场项目等 33 个项目作为温室气体自愿减排项目备案的复函

各有关单位：

按照《温室气体自愿减排交易管理暂行办法》（发改气候〔2012〕1668 号）的规定，经联合相关部门审核，现就荆门子陵铺风电场项目等 33 个项目作为温室气体自愿减排项目的备案申请函复如下：

荆门子陵铺风电场项目等 33 个项目符合《温室气体自愿减排交易管理暂行办法》规定的许可条件和相关要求，同意作为温室气体自愿减排项目予以备案，具体项目备案复函内容见附件。

国家发展改革委办公厅

2014 年 7 月 21 日

抄送:北京市、河北省、内蒙古自治区、辽宁省、上海市、安徽省、福建省、山东省、湖北省、广东省、四川省、云南省、陕西省、甘肃省、青海省、宁夏自治区发展改革委

附件—5

广东翠峰园林绿化有限公司
广东长隆碳汇造林项目

编号 021

一、同意广东翠峰园林绿化有限公司作为广东长隆碳汇造林项目的项目业主开展温室气体自愿减排交易。

二、同意广东翠峰园林绿化有限公司根据《温室气体自愿减排交易管理暂行办法》的规定，对该项目计入期（2011年1月1日至2030年12月31日）期间产生的减排量申请备案，总量不超过35万吨二氧化碳当量。

附录4 广东长隆碳汇造林项目减排量备案通知书

中华人民共和国国家发展和改革委员会

发改办气候备〔2015〕157号

温室气体自愿减排项目减排量备案通知书

各有关单位：

报来《温室气体自愿减排项目减排量备案的申请》收悉。按照《温室气体自愿减排交易管理暂行办法》（发改气候〔2012〕1668号）的规定，经联合相关部门审核，同意作为核证自愿减排量予以备案。具体备案信息见附件。

国家发展改革委办公厅

2015年5月25日

附件—21

项目备案编号	021
项目名称	广东长隆碳汇造林项目
项目业主	广东翠峰园林绿化有限公司
核证减排量批次	第一批次
减排量备案时间	2015 年 5 月
备案减排量	5,208 吨二氧化碳当量（tCO₂e）
产生减排量时间	2011 年 1 月 1 日至 2014 年 12 月 31 日